高等院校智能制造人才培养系列教材

智能机器人技术应用与实践

袁娜　许鹏飞　侯夕欢　等编

Application and Practice of Intelligent Robot Technology

化学工业出版社
·北京·

内容简介

《智能机器人技术应用与实践》是一本系统全面、理论与实践相结合的专业教材，旨在引导读者深入了解智能机器人相关的核心技术与应用领域。全书结构严谨，涵盖了从基础的单片机技术、移动机器人系统构建，到复杂的智能系统集成与项目实战，再到 SLAM 导航技术以及综合项目探索。通过理论讲解、技术分析与操作实践相结合的方式，帮助读者掌握机器人硬件设计、控制策略、传感器应用、路径规划等关键技术，培养读者的动手能力和创新思维。

本书的特色在于内容兼具系统性与应用性，强调动手实验和项目实践，特别设计了多个项目环节，使读者能够在实践中巩固理论知识，提升综合应用能力。教材还引入模块化设计理念，强调开放式软件开发环境，为未来的技术扩展与个性化创新提供平台。

本书可作为机器人工程、自动化等专业的本科生、研究生教材，也可供职业技能培训学员、机器人竞赛参赛者及爱好者，以及广大从事智能机器人研发和应用的工程技术人员阅读参考。

图书在版编目（CIP）数据

智能机器人技术应用与实践 / 袁娜等编. -- 北京 : 化学工业出版社, 2025. 9. --（高等院校智能制造人才培养系列教材）. -- ISBN 978-7-122-48832-9

Ⅰ. TP242.6

中国国家版本馆 CIP 数据核字第 2025BQ4314 号

责任编辑：张海丽
文字编辑：袁　宁
责任校对：李雨函
装帧设计：韩　飞

出版发行：化学工业出版社
（北京市东城区青年湖南街 13 号　邮政编码 100011）
印　　装：河北延风印务有限公司
787mm×1092mm　1/16　印张 10½　字数 246 千字
2025 年 12 月北京第 1 版第 1 次印刷

购书咨询：010-64518888　　售后服务：010-64518899
网　　址：http://www.cip.com.cn
凡购买本书，如有缺损质量问题，本社销售中心负责调换。

定　　价：45.00 元

高等院校智能制造人才培养系列教材
建设委员会

序

党的二十大报告指出，要建设现代化产业体系，坚持把发展经济的着力点放在实体经济上，推进新型工业化，加快建设制造强国、质量强国、航天强国、交通强国、网络强国、数字中国。实施产业基础再造工程和重大技术装备攻关工程，支持专精特新企业发展，推动制造业高端化、智能化、绿色化发展。推动战略性新兴产业融合集群发展，构建新一代信息技术、人工智能、生物技术、新能源、新材料、高端装备、绿色环保等一批新的增长引擎。其中，制造强国、高端装备等重点工作都与智能制造相关，可以说，智能制造是我国从制造大国转向制造强国、构建中国制造业全球优势的主要路径。

制造业是一个国家的立国之本、强国之基，历来是世界各主要工业国高度重视和发展的重要领域。改革开放以来，我国综合国力得到稳步提升，到 2011 年中国工业总产值全球第一，分别是美国、德国、日本的 120%、346%和 235%。党的十八大以来，我国进入了新时代，发展的格局更为宏大，“一带一路”倡议和制造强国战略使我国工业正在实现从大到强的转变。我国不但建立了全球最为齐全的工业体系，而且在许多重大装备领域取得突破，特别是在三代核电、特高压输电、特大型水电站、大型炼化工、油气长输管线、大型矿山采掘与炼矿综采重点工程建设项目、重大成套装备、高端装备、航空航天等领域取得了丰硕成果，补齐了短板，打破了国外垄断，解决了许多“卡脖子”难题，为推动重大技术装备高质量发展，实现我国高水平科技自立自强奠定了坚实基础。进入新时代的十年，制造业增加值从 2012 年的 16.98 万亿元增加到 2021 年的 31.4 万亿元，占全球比重从 20%左右提高到近 30%；500 种主要工业产品中，我国有四成以上产量位居世界第一；建成全球规模最大、技术领先的网络基础设施……一个个亮眼的数据，一项项提气的成就，勾勒出十年间大国制造的非凡足迹，标志着我国迎来从“制造大国”“网络大国”向“制造强国”“网络强国”的历史性跨越。

最早提出智能制造概念的是美国人 P.K.Wright，他在其 1988 年出版的专著 *Manufacturing Intelligence*（《制造智能》）中，把智能制造定义为“通过集成知识工程、制造软件系统、机器人视觉和机器人控制来对制造技工们的技能与专家知识进行建模，以使智能机器能够在没有人工干预的情况下进行小批量生产”。当然，因为智能制造仍处在发展阶段，各种定义层出不穷，国内外有不同专家给出了不同的定义，但智能机器、智能传感、智能算法、智能设计、解决制造过程中不确定问题的智能方法、智能维护是智能制造的核心关键词。

从人才培养的角度而言，实现智能制造还任重道远，人才紧缺的局面很难在短时间内扭转，相关高校师资力量也不足。据不完全统计，近五年来，全国有 300 多所高校开办了智能制造专业，其中既有双一流高校，也有许多地方院校和民办高校，人才培养定位、课程体系、教材建设、实践环节都面临一系列问题，严重制约着我国智能制造业未来的长远发展。在此情况下，如何培养出适应不同行业、不同岗位要求的智能制造专业人才，是许多开设该专业的高校面临的首要难题。

智能制造的特点决定了其人才培养模式区别于其他传统工科：首先，智能制造是跨专业的，其所涉及的知识几乎与所有工科门类有关；其次，智能制造是跨行业的，其核心技术不仅覆盖所有制造行业，也适用于某些非制造行业。因此，智能制造人才培养既要考虑本校专业特色，又不能脱离社会对智能制造人才的需求，既要遵循教育的基本规律，又要创新教育体系和教学方法。在课程设置中要充分考虑以下因素：

- 考虑不同类型学校的定位和特色；
- 考虑学生已有知识基础和结构；
- 考虑适应某些行业需求，如流程制造、离散制造、混合制造等；
- 考虑适应不同生产模式，如多品种小批量生产、大批量生产等；
- 考虑让学生了解智能制造相关前沿技术；
- 考虑兼顾应用型、技能型、研究型岗位需求等。

改革开放 40 多年来，我国的高等教育突飞猛进，高等教育的毛入学率从 1978 年的 1.55%提高到 2023 年的 60.2%，进入了普及化教育阶段，这就意味着高等教育担负的历史使命、受教育的对象都发生了深刻的变化。面对地方应用型高校生源差异大的现状，因材施教，做好智能制造应用型人才培养，满足高校智能制造应用型人才培养的教材需求就是本系列教材的使命和定位。

要解决好这个问题，首先要有一个好的定位，有一个明确的认识，这套教材定位于智能制造应用型人才培养需求，就是要解决应用型人才培养的知识体系如何构造，智能制造应用型人才的课程内容如何搭建。我们知道，应用型高校学生培养的主要目的是为应用型学科专业的学生打牢一定的理论功底，为培养德才兼备、五育并举的应用型人才服务，因此在课程体系、基础课程、专业教育、实践能力培养上与传统综合性大学和“双一流”学校比较应有不同的侧重，应更着眼于学生的实用性需求，应满足社会对应用技术人才的需求，满足社会实际生产和社会实际发展的需求，更要考虑这些学校学生的实际，也就是要面向社会发展需求，为社会各行各业培养“适销对路”的专业人才。因此，在人才培养的过程中，对实践环节的要求更高，要非常注重理论和实践相结合。据此，在应用型人才培养模式的构建上，从培养方案、课程体系、教学内容、教学方式、教材建设上都应注重应用型人才培养的规律，这正是我们编写这套智能制造相关专业教材的目的。

这套教材的突出特色有以下几点：

① 定位于应用型。这套教材不仅有适应智能制造应用型人才培养的专业主干课程和选修课程教

材，还有基于机械类专业向智能制造转型的专业基础课教材，专业基础课教材的编写中以应用为导向，突出理论的应用价值。在编写中引入现代教学方法和手段，结合教学软件和工业仿真软件，使理论教学更为生动化、具象化，努力实现理论课程通向专业教学的桥梁作用。例如，在制图课程中较多地使用工业界成熟设计软件，使学生掌握比较扎实的软件设计能力；在工程力学教学中引入有限元软件，实现设计计算的有限元化；在机械设计中引入模块化设计的概念；在控制工程中引入 MATLAB 仿真和计算机编程内容，实现基础教学内容的更新和对专业教育的支撑，凸显应用型人才培养模式的特点。

② 专业教材突出实用性、模块化、柔性化。智能制造技术是利用先进的制造技术，以及数字化、网络化、智能化等知识和控制理论来解决制造过程中不确定和非固定模式的问题，使得制造过程具有智能的技术，它的特点是综合性和知识内涵的丰富性以及知识本身的创新性。因此，在教材建设上与以前传统的知识技术技能模式应有大的区别，更应注重对学生理念、意识、认知、思维方式和系统解决问题能力的培养。同时考虑到各行业、各地和各校发展阶段和实际办学水平的不同，希望这套教材尽可能为各校合理选择教学内容提供一个模块化、积木式结构，并在实际编写中尽量提供项目化案例，以便学校根据具体情况做柔性化选择。

③ 本系列教材注重数字资源建设，更多地采用多媒体的互动方式，如配套课件、教学视频、测试题等，使教材呈现形式多样化，数字内容更为丰富。

由于编写时间紧张，智能制造技术日新月异，编写人员专业水平有限，书中难免有不当之处，敬请读者及时批评指正。

高等院校智能制造人才培养系列教材建设委员会

前言

随着人工智能、物联网等新兴技术的快速发展，智能机器人正逐步成为现代工业制造、服务行业以及科研探索的重要工具。在此背景下，编写《智能机器人技术应用与实践》一书的初衷源于多年教学与科研积累，希望将先进的机器人技术与实操经验系统整理，打造一本适合高等院校本科生、研究生以及行业技术人员参考的专业教材。

本书在编写过程中，结合最新的科研成果与行业应用，围绕机器人硬件设计、控制算法、系统集成、项目实践等核心内容展开，力求内容丰富、实用性强。章节设计由浅入深，从单片机控制基础到复杂的自主导航和多机器人协作，逐步引导读者掌握从理论到实践的全流程。特别强调“动手实验”和“项目导向”的教学理念，配合丰富的实例和练习，采用模块化实验平台及进阶式竞赛项目，激发读者学习兴趣，提升实践能力，达到以赛促学的目的。

内容特色方面，本书不仅关注技术细节，还注重工程应用与创新开发，提倡开放式软硬件环境的构建，为未来技术创新提供基础。

本书的突出特色在于:

开放性：所有代码与硬件设计均基于开源环境，鼓励二次开发与创新。

阶梯性：内容按“基础—进阶—综合”分层，适合不同基础读者按需学习。

实用性：案例均来自实际教学与竞赛，提供故障排查与优化建议。

本书由唐山学院自动化专业教学团队与机器时代（北京）科技有限公司技术团队联合编写，感谢探索者机器人平台提供的技术支持，确保了内容的科学性与前沿性。本书第 1、6 章由袁娜编写，第 2、3 章由许鹏飞编写，第 4、5 章由侯夕欢编写，全书由袁娜统稿。陈凤、游家祥、许淼、任亚雪、宋珊珊在整个编写过程中做了大量工作，在此表示由衷感谢！希望本书能为广大读者的学习与研究提供有力的知识支撑，推动我国智能机器人技术的发展与应用迈向新的台阶。

本书配有电子课件、实验视频、思考题参考答案等资源，读者可扫描书中二维码获取，高校教师可登录“化工教育”网站下载使用。

限于编者水平，书中难免存在疏漏，恳请读者批评指正。希望本书能成为读者探索智能机器人技术的有力工具，助力中国机器人人才培养与产业发展。

编者

2025 年 6 月

本书配套资源

目 录

第 4 章 智能系统集成与项目实战 91

第 5 章 SLAM 导航 120

第 1 章

智能机器人技术概述

本章知识导图

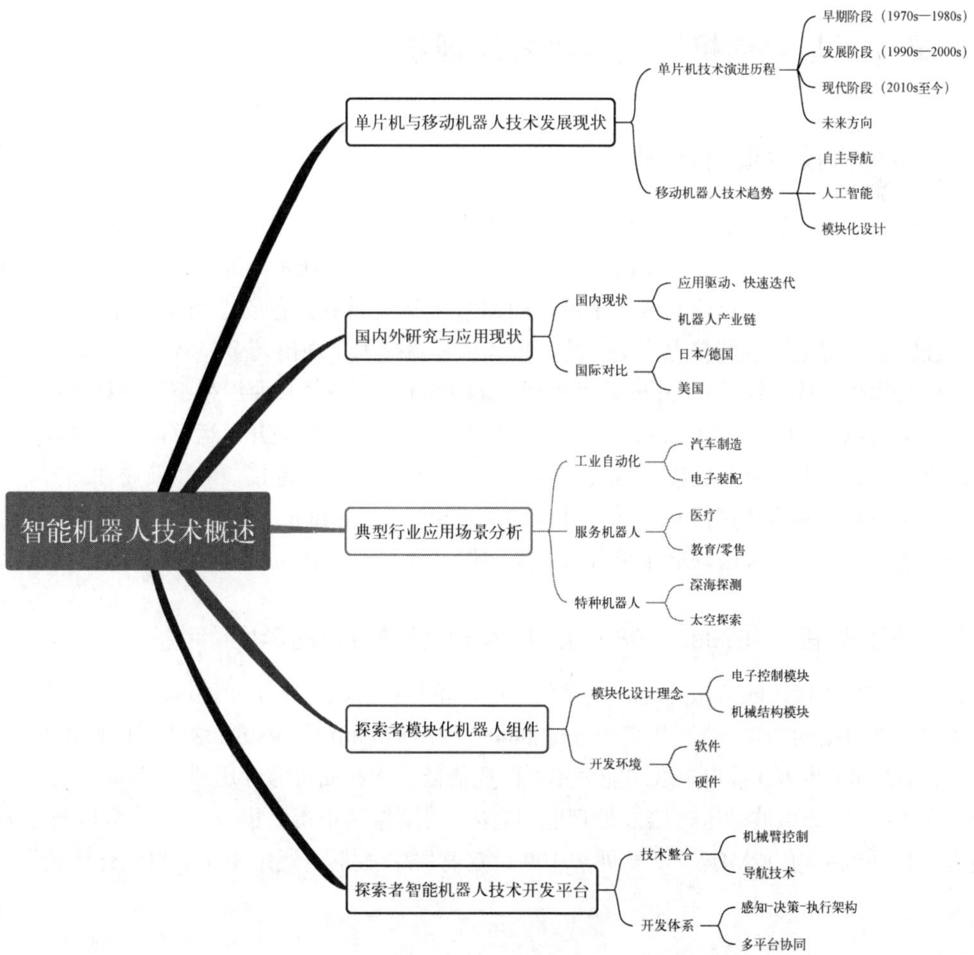

本章学习目标

【知识目标】

1. 掌握从早期单片机到现代 MCU 的发展历程，了解如 8051、STM32 等芯片的特性及应用。熟悉移动机器人技术，包括 SLAM、导航、模块化设计及应用领域。

2. 了解机器人硬件架构，掌握电子与机械模块组成。熟练使用 Arduino IDE、ROS、Keil 等开发工具，掌握多平台调试技术。

【能力目标】

1. 嵌入式编程与算法实现，具备使用 C 语言或图形化工具开发控制程序的能力，如 PID 控制、传感器数据融合、基础 SLAM 算法部署。

2. 问题分析与优化，通过调试工具（串口监控、参数波形分析）诊断硬件/软件问题，优化机器人性能（如避障精度、能耗管理）。

【素养目标】

认识国内外技术差距（如核心部件国产化挑战），跟踪技术动态，适应机器人领域快速迭代的发展需求。

1.1 单片机与移动机器人技术发展现状

1.1.1 单片机技术演进历程

单片机技术的发展经历了从简单控制到智能计算的演进过程。早期的单片机（如 Intel 8051 系列）采用 8 位架构，主频仅 12MHz，主要完成简单的逻辑控制和数据采集功能。随着技术进步，32 位 ARM 架构单片机逐渐成为主流，STM32 系列凭借其出色的性能和丰富的外设资源，在工业控制和消费电子领域获得广泛应用。现代单片机技术呈现出几个显著特征：首先是制程工艺的持续优化，从早期的 0.35μm 发展到现在的 40nm，使得芯片面积缩小、功耗降低；其次是内核架构的革新，Cortex-M 系列内核在保持低功耗的同时大幅提升了运算能力；再者是外设资源的极大丰富，现代单片机普遍集成 USB、CAN、以太网等高速接口，以及硬件加密、浮点运算等专用模块。特别值得注意的是，开源硬件平台（如 Arduino）的兴起，通过简化开发流程和丰富生态系统，极大地降低了单片机开发门槛，为移动机器人技术的普及奠定了基础。

（1）早期阶段（1970s—1980s）：4 位与 8 位单片机的诞生

20 世纪 70 年代，随着微处理器技术的突破，单片机首次进入工业领域。这一阶段的单片机以 4 位和 8 位架构为主，典型代表为 Intel 8048（1976）和 8051（1980）。这些芯片集成了 CPU、ROM、RAM 和基本 I/O 接口，虽功能简单，但凭借低成本和高可靠性迅速普及。4 位单片机主要用于家电控制（如微波炉定时器），处理能力有限，仅支持简单指令集。8 位单片机以 Intel 8051 为代表，时钟频率约 12MHz，支持外部中断、定时器/计数器，适用于工业自动化中的逻辑控制。例如，早期的工业机器人 Unimate 通过 8051 实现了示教编程功能，工人通过手动引导机械臂记录路径，再由单片机执行重复动作。但早期阶段的单片机也有其局限性，如内存容量小（ROM 通常不足 4KB，RAM 仅 128 字节），无法支持复杂算法；外设接口单一，缺乏 ADC、PWM 等模块，难以满足多传感器集成需求等。

（2）发展阶段（1990s—2000s）：16 位与 32 位单片机的崛起

20 世纪 90 年代后，集成电路技术的进步催生了 16 位和 32 位单片机，其处理能力与功能集成度大幅提升。16 位单片机以德州仪器 MSP430 系列为代表，采用低功耗设计（运行电流仅 200μA），支持睡眠模式，适用于电池供电的便携设备。其内置 12 位 ADC 和硬件乘法器，使数据采集与信号处理效率显著提高。ARM7 架构的普及（如 NXP LPC2000 系列）标志着单片机进入高性能时代。主频提升至 50～100MHz，支持实时操作系统（RTOS），满足多任务调度需求。

AVR 系列单片机（如 ATmega328）被用于开源机器人平台 Arduino，通过 PWM 输出控制直流电机，实现四足机器人的步态规划。飞思卡尔（现 NXP）的 32 位单片机 MPC5xx 系列集成 CAN 总线控制器，支持汽车 ECU（电子控制单元）的多节点通信，实现发动机控制与 ABS 防抱死系统的协同工作。

（3）现代阶段（2010s 至今）：高性能且与物联网融合

进入 21 世纪 10 年代，单片机在性能、功耗和功能集成上实现跨越式发展，成为智能机器人的“神经中枢”。高性能计算方面，ARM Cortex-M 系列（如 STM32F7）主频达 216MHz，支持浮点运算单元（FPU）和 DSP 指令集，可运行复杂算法（如 PID 控制、卡尔曼滤波）。ESP32 等芯片内置 Wi-Fi 和蓝牙模块，支持物联网（IoT）通信。例如，图 1-1 中的科沃斯扫地机器人，通过实现与手机 APP 的实时数据交互，用户可远程监控清洁路径。

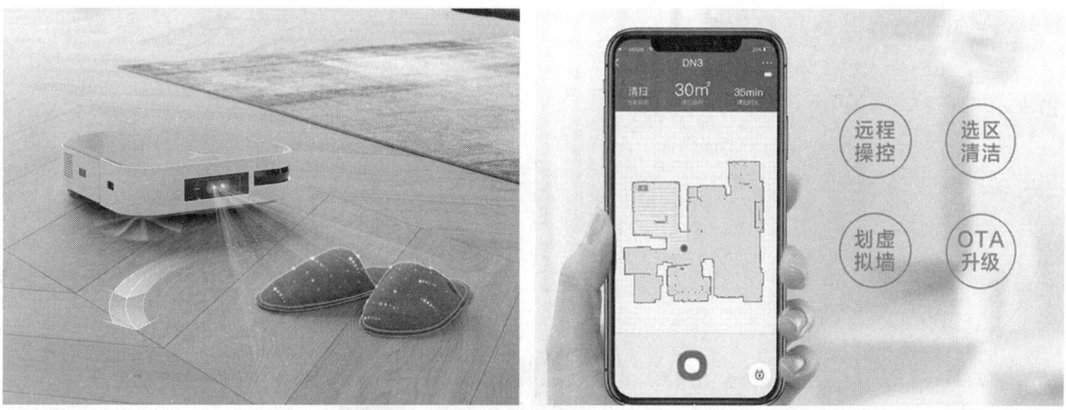

图 1-1　科沃斯扫地机器人及其手机操控界面

以 STM32H7 系列为代表的新一代控制器，主频已突破 400MHz，并内置硬件浮点运算单元和 DSP 指令集，使得在单片机上实现实时运动规划、简易视觉处理等复杂算法成为现实。这种算力提升直接推动了移动机器人向自主化、智能化方向发展。在探索者平台的 SLAM 导航实验中，基于 STM32F407 的实时位姿估算就充分展现了现代单片机在算法加速方面的潜力。同时，低功耗设计的持续优化使移动机器人的续航能力得到显著提升，动态电压调节、睡眠模式等节能技术的应用，使得采用单片机方案的移动机器人可以连续工作数小时乃至数天。

1.1.2 移动机器人技术趋势

移动机器人技术正从单一功能向高度自主化、智能化和协作化发展，其核心趋势涵盖导航、学习、设计领域。

（1）自主导航与 SLAM 技术的深度演进

同步定位与地图构建（SLAM）是移动机器人实现环境感知与路径规划的基础，其技术发展呈现多模态融合与实时性提升的特点。激光雷达（LiDAR）与视觉传感器的互补使用成为主流。例如，波士顿动力 Spot 机器人通过 Velodyne VLP-16 激光雷达与立体摄像头融合，在复杂地形中实现厘米级定位精度。基于图优化的 SLAM 算法（如 Google Cartographer）通过稀疏位姿调整（sparse pose adjustment）减少计算量，使嵌入式设备（如 NVIDIA Jetson Nano）能够实时处理大规模环境数据。结合深度学习的目标识别（如 Mask R-CNN），机器人不仅能构建几何地图，还能标注语义信息（如“门”“楼梯”），提升导航决策的智能性。

（2）人工智能驱动的自适应学习

现代移动机器人正从传统的程序控制向环境自适应转变，这主要得益于人工智能技术的深度整合。基于深度学习的视觉识别系统使机器人能够准确辨识复杂环境中的目标物体，而强化学习算法的应用则让机器人具备自主决策能力。依托人工智能技术，机器人的应用场景和服务模式正不断拓展，John Deere 的自动驾驶拖拉机通过 CNN 识别作物生长状态，动态调整施肥路径，减少农药使用量 20%；如图 1-2 所示为新加坡的 OTSAW O-R3 安全机器人，其基于 3D SLAM 的导航技术支持，能够自动巡逻街道和开放空间，避开静态和动态障碍，并在能量耗尽时返回基地，以降低成本，提高生产力。

图 1-2 OTSAW O-R3 安全机器人

（3）模块化与可重构设计的普及

模块化平台通过标准化接口降低开发门槛，加速机器人功能迭代。Festo 的软体仿生手

（BionicSoftArm）采用气动模块化关节，如图 1-3 所示，可根据任务需求灵活调整自由度，在与人体接触时保证安全性，适用于食品包装与电子装配等多场景。探索者创新平台提供驱动轮、机械臂、传感器等标准化模块，用户可通过磁吸接口快速组装巡检机器人或教育机器人。ROS 2（robot operating system）支持模块化软件包管理，开发者可复用导航、视觉等开源功能包，缩短开发周期。Makeblock mBot Ranger 允许学生通过图形化编程控制不同模块，完成避障、巡线、语音交互等任务，培养工程思维。

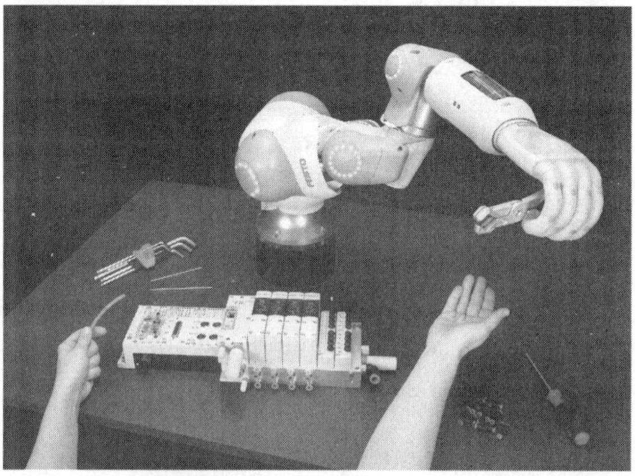

图 1-3 Festo 公司的软体仿生手

1.1.3 国内外研究与应用现状

当前全球移动机器人技术的研究与应用呈现出多元化、差异化的发展格局，各国根据自身产业基础和市场需求形成了各具特色的发展路径。从国际视野来看，欧美发达国家在基础研究和高端装备领域持续保持领先优势。美国依托硅谷创新生态和顶尖高校科研实力，在机器人感知算法和自主决策系统方面取得重大突破，代表性成果包括波士顿动力公司开发的 Atlas 人形机器人和 Spot 四足机器人。图 1-4 为波士顿动力公司的 Atlas 电驱版人形机器人，其摒弃原有的液压驱动，采用电气驱动，大幅降低了机器人自身重量；图 1-5 为 Spot 四足机器人，可适应多种环境。欧盟国家则更注重工业应用，德国库卡（KUKA）、瑞士 ABB 等企业的协作机器人产品在全球智能制造领域占据重要市场份额，其特点是高精度、高可靠性和完善的安全防护机制。日本在服务机器人领域独具特色，软银 Pepper 服务机器人成功实现了大规模商业化应用，体现了日本在机电一体化方面的深厚积累。

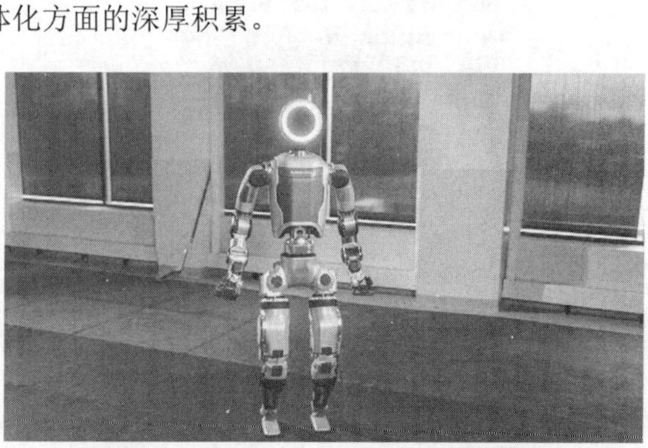

图 1-4 波士顿动力公司的 Atlas 电驱版人形机器人

图 1-5 波士顿动力公司的 Spot 四足机器人

我国移动机器人技术发展呈现出应用驱动、快速迭代的鲜明特征。在学术研究层面，国内高校和科研院所在 SLAM 算法、多机协同控制等方向取得了一系列具有国际影响力的成果。哈尔滨工业大学、上海交通大学等高校建立的机器人重点实验室，在仿生机器人、特种机器人等方向持续产出创新成果。产业应用方面，我国已形成完整的移动机器人产业链，大疆创新的消费级无人机、优必选的服务机器人等产品在全球市场具有较强竞争力。特别是在工业应用领域，极智嘉（Geek+）、海康机器人等企业开发的 AGV 系统已广泛应用于仓储物流场景，通过“5G+AI”技术实现了智能分拣和无人配送的大规模落地。值得关注的是，我国在移动机器人标准化建设方面进展迅速，已发布多项行业标准和技术规范，为产业健康发展提供了制度保障。

教育机器人作为特殊应用领域，国内外发展模式各具特色。欧美国家更强调创新思维培养，通常采用开源硬件平台配合项目式教学。我国则通过“校企合作、产教融合”的模式，将产业需求直接引入教学过程。以探索者平台为代表的国产教育机器人系统，既保留了国际主流开发框架的开放性，又针对国内教学特点进行了优化设计，通过模块化组件和丰富的案例资源，有效支撑了机器人工程人才的培养。这种教育实践不仅培养了学生的工程技术能力，更通过各类机器人竞赛激发了创新热情，为行业发展储备了大量后备人才。图 1-6 为探索者机器人检测与控制组件，包含单片机检测实验箱、履带机器人底盘、三自由度机械臂、基于视觉分拣的检测线四部分。

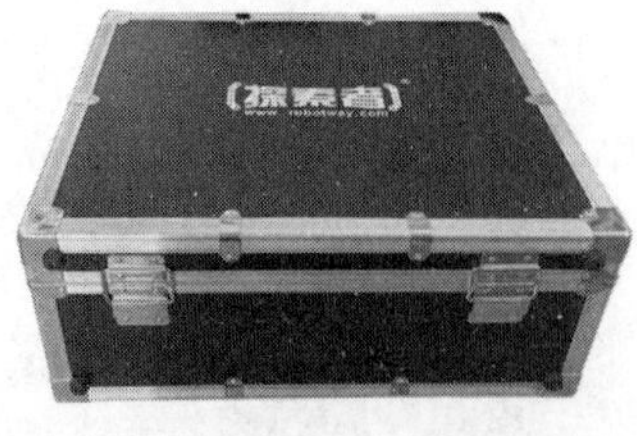

(a) 单片机检测实验箱

(b) 履带机器人底盘　(c) 三自由度机械臂　(d) 基于视觉分拣的检测线

图 1-6 探索者机器人检测与控制组件

从技术应用深度来看，移动机器人已渗透到经济社会发展的各个领域。在制造业中，协作机器人成为柔性生产线的重要组成部分，实现人机协同作业；在服务业领域，配送机器人、清洁机器人等提高了服务效率；在特种应用场景，巡检机器人、救援机器人等承担着危险环境作业任务。随着 5G、人工智能等新技术的融合应用，移动机器人正从单一功能设备向智能服务系统演进，展现出广阔的发展前景。

1.2　典型行业应用场景分析

1.2.1　工业自动化的应用

在工业自动化领域，移动机器人正在引发生产模式的革命性变革，其已从传统的单一功能设备发展为智能制造系统的核心组成部分。现代工业场景中，移动机器人主要体现为两大典型应用形态：首先是自动导引车（AGV）系统，如图 1-7 所示，这类装备通过激光导航或视觉 SLAM 技术实现精准定位，在汽车制造、电子装配等行业中承担物料运输任务；其次是协作机器人（Cobot）的广泛应用，这类机器人通过力觉传感器和安全控制算法实现人机协同作业，在精密装配、质量检测等环节展现出独特优势。

图 1-7　自动导引车

在柔性制造领域，移动机器人技术正在重塑生产组织方式。模块化机器人单元通过快速重构以适应多品种生产需求，通过虚实映射实现生产过程的实时优化。某航天部件制造厂部署的“数字孪生+移动机器人”系统，使产品不良率降低至 0.3%以下。在危险作业环境中，防爆型移动机器人正逐步替代人工。

质量控制环节也因移动机器人技术而发生深刻变革。搭载机器视觉的移动检测机器人可实现全流程质量追踪，此外，基于 5G 网络的远程运维系统，使移动机器人成为工业物联网的重要节点，其通过实时采集设备状态数据并上传至云端分析，为预测性维护提供支持。这些创新应用不仅提升了生产效率，更通过数据驱动持续优化制造流程，推动工业自动化向智能化方向快速发展。

1.2.2 服务业的创新实践

服务机器人正从单一功能向多场景渗透，涵盖医疗、教育、零售、餐饮等领域，通过智能化与人性化设计重塑服务体验。在医疗领域，康复机器人结合生物反馈技术提升疗效，例如瑞士 HOCOMA 的 Lokomat Pro 通过动态减重与步态模拟，帮助脊髓损伤患者重建行走能力。其外骨骼关节内置力传感器与 EMG（肌电信号）采集模块，实时调整步幅与支撑力，临床数据显示其康复效率较传统疗法提高 40%。教育场景中，优必选的 Walker X 人形机器人进入中小学课堂，通过手势识别与自然语言处理（NLP）功能辅助编程教学。学生可通过图形化界面设计机器人舞蹈动作，Walker X 的 21 个自由度关节支持复杂肢体协调，同时其内置的 Python SDK 允许高中生学习代码级控制，激发学习兴趣。

零售与餐饮行业通过服务机器人优化运营效率。图 1-8 为日本软银 Pepper 机器人，其可在日本 Lawson 便利店担任导购员，通过人脸识别与情绪分析为顾客推荐商品。Pepper 的摄像头可捕捉顾客微表情，结合 NLP 分析对话内容，推荐匹配度提升 15%，使销售额增长 10%～15%。中国普渡科技的“欢乐送”配送机器人在海底捞餐厅自主导航，日均传送 200 盘菜品。其采用多线激光雷达与视觉融合定位，在高峰期人流密度达 3 人/m^2 的环境中仍能保持 0.1m/s 的稳定速度，服务员跑动距离缩短 80%。家庭服务机器人则聚焦日常生活的便利性，科沃斯 DEEBOT X2 OMNI 通过方形设计与广角立体视觉，彻底清洁墙角与家具底部。其 AIVI 3D 技术通过双摄立体视觉识别拖鞋、电线等障碍物，避障成功率从上一代的 85%提升至 98%，尘盒容量提升 50%，并通过 AI 语音助手实现“一句话清洁”的交互体验。

图 1-8 日本软银 Pepper 机器人

1.2.3 特种行业的探索

特种机器人凭借其环境适应性与功能专一性，在极端条件与高风险场景中发挥着不可替代的作用。深海探测领域，中国“海斗一号”全海深自主遥控潜水器（ARV）搭载国产耐压伺服电机与多波束声呐，如图 1-9 所示，于 2021 年成功下潜至马里亚纳海沟 10909 米处。其钛合金耐压舱可承受 110MPa 压力，配备国产推进器与机械臂，可完成海底地形测绘与生物采样，填补了万米级科考装备的空白。美国伍兹霍尔海洋研究所的“Nereus”机器人则采用陶瓷耐压舱与光纤通信技术，实现深海热液喷口的原位检测。其光纤传输带宽达 1Gbps，较传统铜缆提升 100 倍，为地球生命起源研究提供了高清视频与化学传感器数据。中国“玉兔二号”月球车利用全景相机与红外光谱仪，首次揭示了月球背面月壤的矿物组成。其自适应热控系统通过可变发射率涂层调节舱内温度，在月昼 150℃至月夜−180℃的极端温差下稳定运行，累计行驶里程突破 1.2 公里，远超设计寿命。

电力巡检领域展现出特种机器人的另一重要应用维度。高压输电线路巡检机器人采用电磁兼容设计，其绝缘机械臂可安全接触 500kV 带电设备，配备的红外线热像仪能精确识别 0.5℃的温度异常。在隧道检测场景中，具备自主定位能力的轨道式机器人通过三维激光扫描技术，可生成毫米级精度的隧道形变报告，为基础设施维护提供科学依据。这些创新应用不仅提高了作业效率，更重要的是将工作人员从危险作业环境中解放出来，实现了“机器换人”的安全革命。

图 1-9 中国“海斗一号”全海深自主遥控潜水器

1.3 探索者模块化机器人组件介绍

“探索者”全称“探索者创新平台”，是一套机器人创新套件，结合了机械、电子、传感器、计算机软硬件、控制、人工智能和造型技术等众多的先进技术研发的教育机器人平台。探索者模块化机器人组件包含 20 种机器人模块，可实现 50 种创新示例，采用三主控板方案，以及标准通用的结构件、传感器、控制器等多样化组件，通过不同构型设计能够快速搭建各种机械结构，实现样机制作，从而验证设计方案和控制能力。

三主控板方案，包含常用的单片机主板，即基于 Arduino 设计的主控板、基于 STM32F407 设计的主控板和扩展主板。传感器包含 15 种控制系统中常见的传感器元件，如语音识别模块、颜色传感器、CCD 摄像头等。通信方式包括蓝牙、NRF、Wi-Fi 无线通信。远程控制方式还包含一款手柄扩展板，可实现遥控和示教编程。

简单易上手的组装方式、通用的单片机程序设计，可以实现无基础的入门难度，适合初学者上手尝试和高水平学生的创新设计，满足无上限的开发需求，适合于各学科创新人才的培养和应用实践。

本书的实践环节均是基于该套件开发设计的，从软硬件入手，边学边练，理论与实践相结合，实现以应用为目的的学习。

1.3.1 模块化设计思路

模块化设计是一种将复杂系统分解为若干个具有特定功能的子系统或模块的方法。在机器人设计中，模块化是指将机器人的某些要素组合在一起，构成一个具有特定功能的子系统；再将这个子系统作为通用性的模块与其他子系统进行组合，从而构成一个完整的机器人。这种设计方法不仅可以实现功能的多样化，还能产生多种不同功能或相同功能、不同性能的效果。

（1）机器人模块划分

依照模块化机器人的设计理念，在设计一个机器人时，可以根据机器人的功能需求，选择不同的模块进行组合，以构成一个完整的机器人。一个完整的机器人通常由两大核心模块构成，分别是电子控制模块和机械结构模块。

1）电子控制模块

电子控制模块是机器人的“大脑”，负责处理输入信号、执行控制逻辑和输出指令。它可以进一步细分为以下几个子模块：

① 控制模块：作为电子控制模块的核心部分，负责整体的逻辑运算与指令下达，协调各部件有序运行，相当于机器人的“中枢神经”，确保机器人能够按照预设程序准确执行各项任务。

② 输入模块：主要用于采集外部环境信息或接收用户指令，常见的输入设备包括传感器（如光敏传感器、声音传感器等）和按键等，通过这些设备，机器人可以感知周围环境的变化或获取用户的操作指令，从而做出相应的响应。

③ 通信模块：承担着机器人与外部设备或其他机器人进行信息交互的任务，例如通过蓝牙、Wi-Fi 等无线通信协议与其他设备建立连接，实现数据传输与共享，使机器人能够融入更大的智能系统中，拓展其应用范围和功能。

④ 输出模块：负责将处理后的信号以特定的形式呈现出来，如驱动电机、灯光控制模块、显示屏等，通过这些输出设备，机器人能够将处理结果反馈给用户或对外部环境产生实际影响，完成任务目标。

电子元件清单及简介见表 1-1。

表 1-1　电子元件清单及简介

电子元件		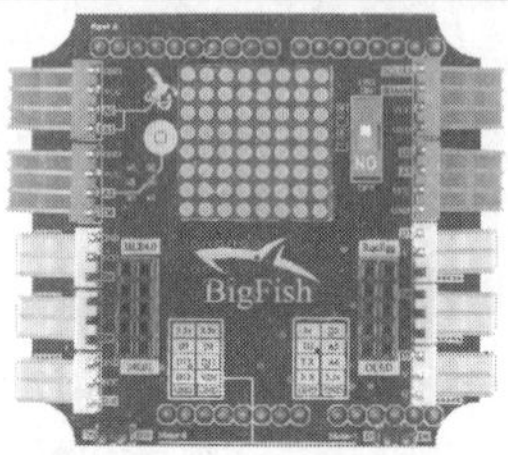	
	Basra 主控板	Bigfish 扩展板	Birdmen 手柄扩展板
简介	采用 AVR ATmega328 芯片，Arduino Uno 开源架构	预设端口功能，可直接使用，与主控板堆叠安装，方便学习	具有摇杆电位器，可以配合主控板、通信模块等，组装遥控或线控手柄
电子元件			
	触碰传感器	近红外传感器	灰度传感器
简介	TTL 电平信号	一种红外传感器，可检测能反射红外线的物体，TTL 电平信号	一种红外光电传感器，可检测颜色的灰阶值，TTL 电平信号
电子元件	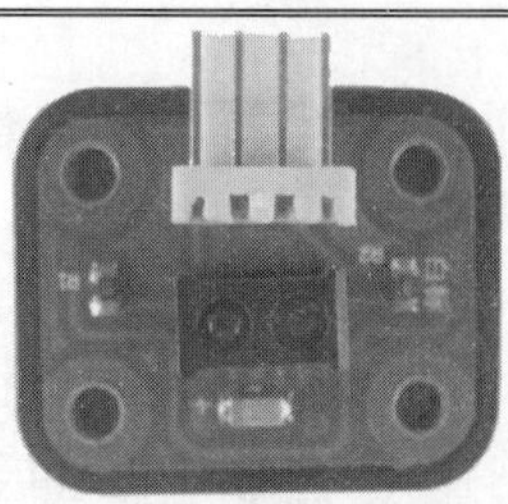	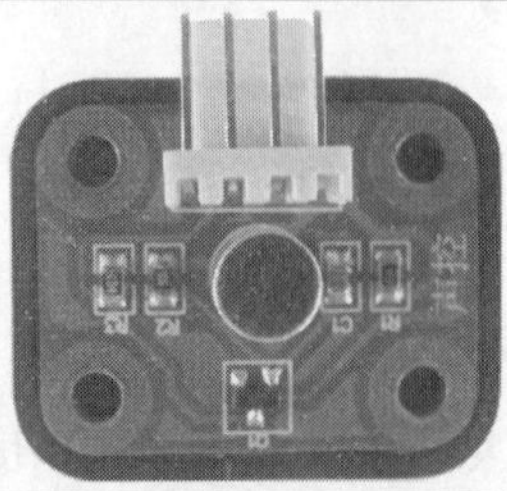	
	白标传感器	声控传感器	光强传感器

续表

简介	一种红外传感器，可直接检测黑色背景下的白色，TTL 电平信号	可检测声音信号	一种光敏传感器，可检测光照强弱，TTL 电平信号
电子元件			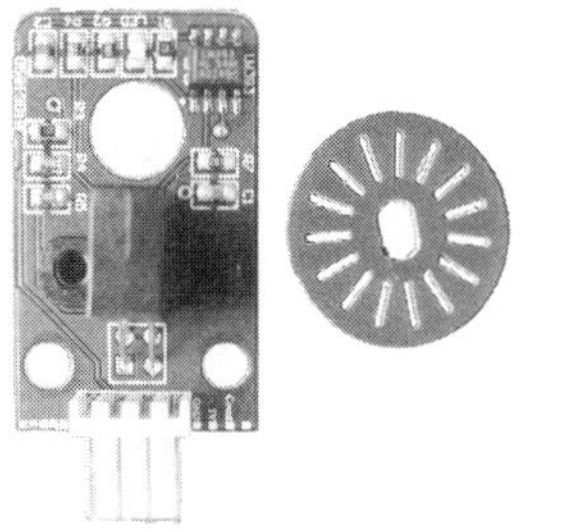
	闪动传感器	陀螺仪传感器	红外编码器
简介	一种光敏传感器，可检测光线的闪烁变化，TTL 电平信号	3 轴，包括加速度包、角速度包和角度包	一种红外栅格码盘，可计数
电子元件	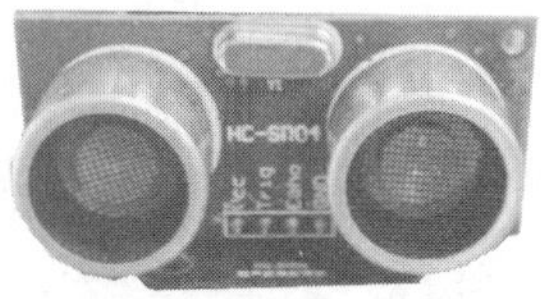	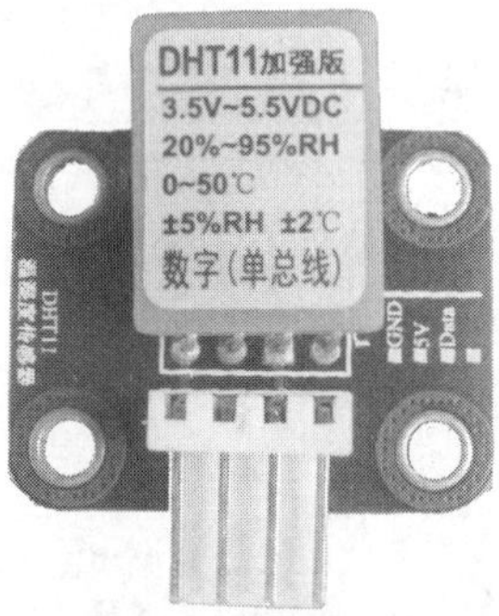	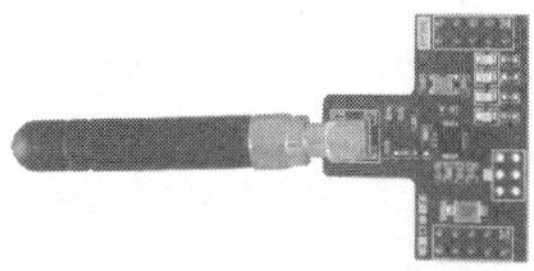
	超声波测距传感器	温湿度传感器	NRF 无线串口模块
简介	发射与接收超声波，可检测能反射超声波的物体，并测量与其的距离	可检测温度和湿度	2.4G 无线收发模块
电子元件			
	蓝牙串口模块	LED 模块	语音模块
简介	BLE2.0 协议	红绿双色 LED 灯	可以录制和播放音频

2）机械结构模块

机械结构模块是机器人的“身体”，为机器人提供物理支撑和运动能力。它主要包括以下几个子模块：

① 驱动模块：作为机器人的动力源，常见的驱动方式有电机驱动、液压驱动和气动驱动等，

不同的驱动方式适用于不同类型的机器人和应用场景，为机器人的运动和操作提供必要的动力。

② 传动模块：负责将驱动模块产生的动力传递到执行模块，常见的传动方式有齿轮传动、带传动和链条传动等，传动模块的设计需要考虑动力传输的效率、精度和稳定性，以确保机器人能够准确地执行运动任务。

③ 执行模块：直接与外界环境接触，完成具体任务的部分，如机械臂的末端夹爪、机器人的行走轮等，执行模块的结构和功能取决于机器人的具体应用需求，其设计需要充分考虑任务的性质和操作的精度要求。

机械结构清单及简介见表 1-2。

表 1-2　机械结构清单及简介

机械结构	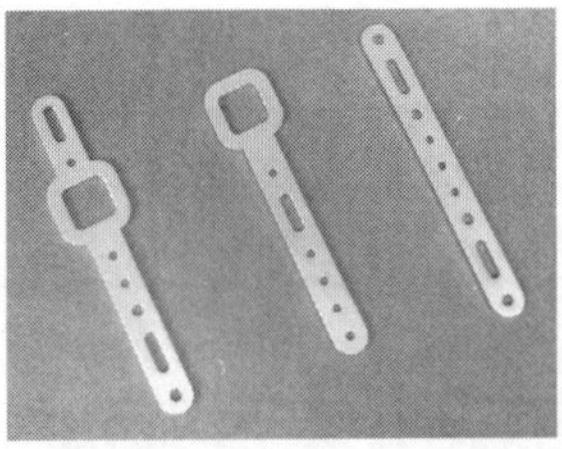	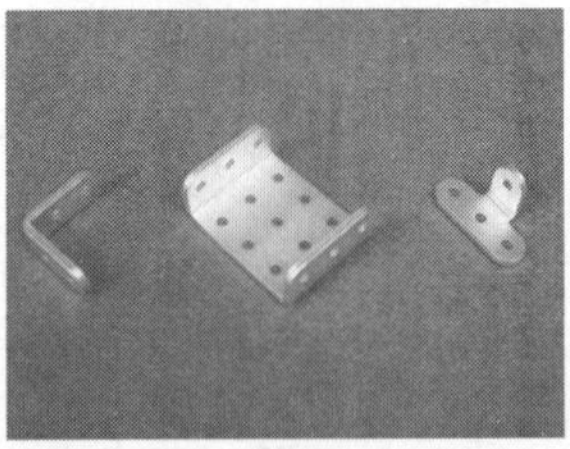	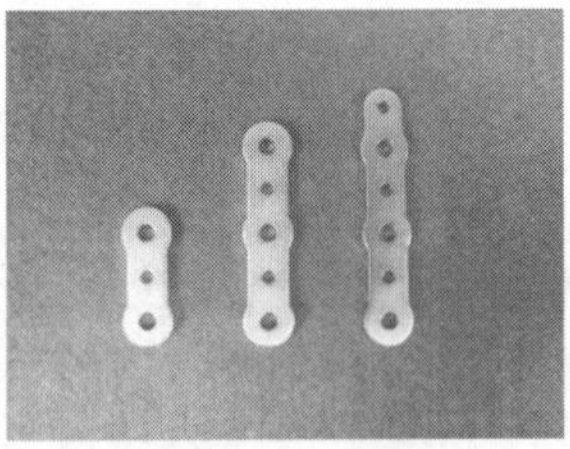
	双足腿、四足连杆、双足支杆	90°支架、3×5 折弯件、输出支架	机械手 20mm、机械手 40mm、机械手 40mm 驱动
简介	曲柄滑块机构的主要零件，可用于搭建机器人行走机构	三种折弯件，可搭建机构支架，连接不同平面	三种长短不同的连杆，可搭建四连杆结构、伸缩机械手等
机械结构	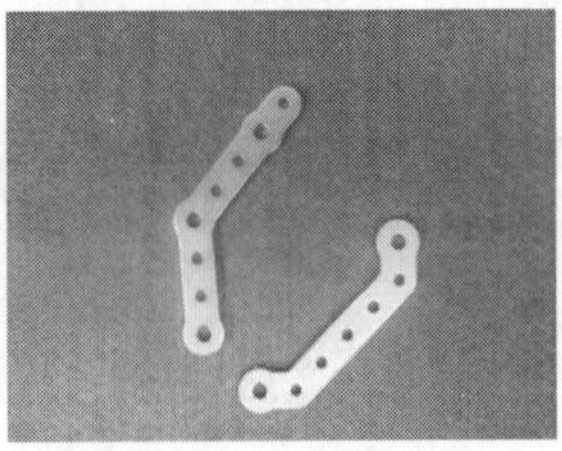	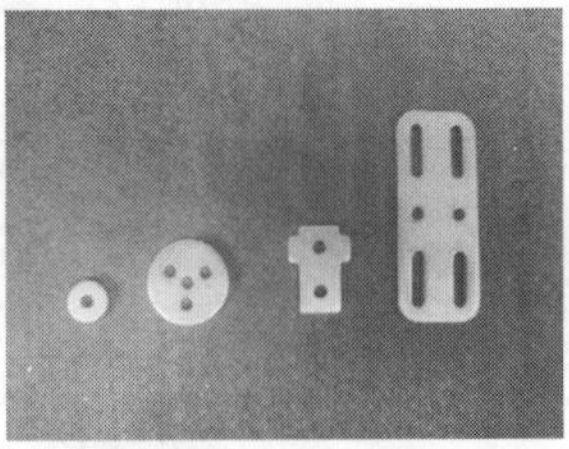	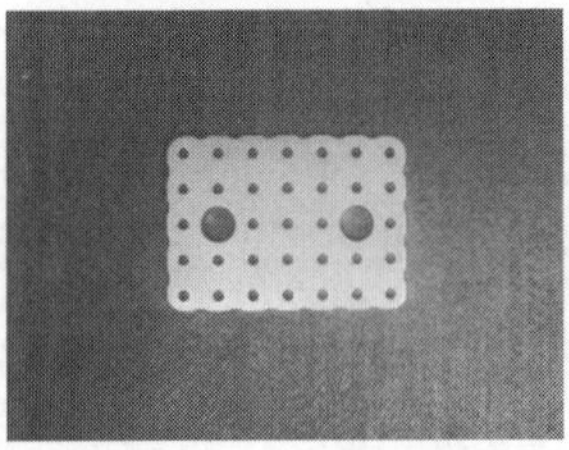
	机械手指、双足连杆	垫片 10、垫片 20、轮支架、10mm 滑轨	5×7 孔平板
简介	两种带角度的连杆，可搭建机械手爪、腿部结构等	四种小金属件，主要起调节机构层次的作用	长边 7 个孔，短边 5 个孔，可用作小型搭载平台
机械结构	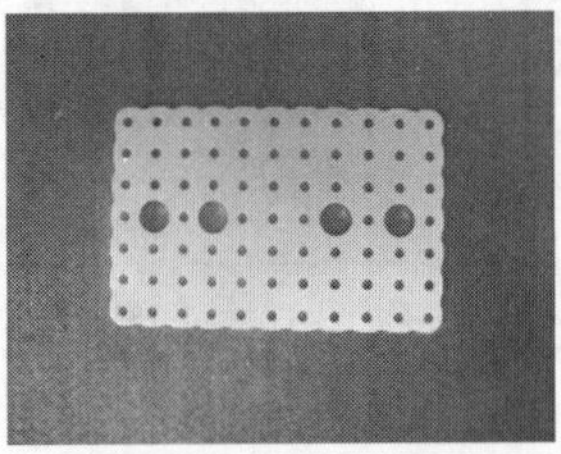		
	7×11 孔平板	小轮	舵机双折弯件
简介	长边 11 个孔，短边 7 个孔，可用作大型搭载平台	可用作履带、滚筒的骨架	可用作机器人关节摆动部件

续表

机械结构		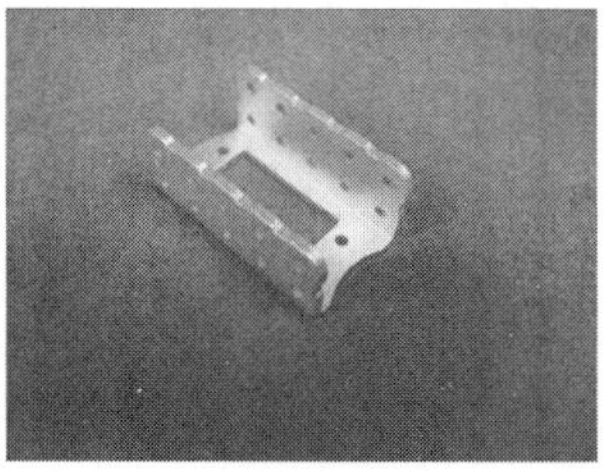	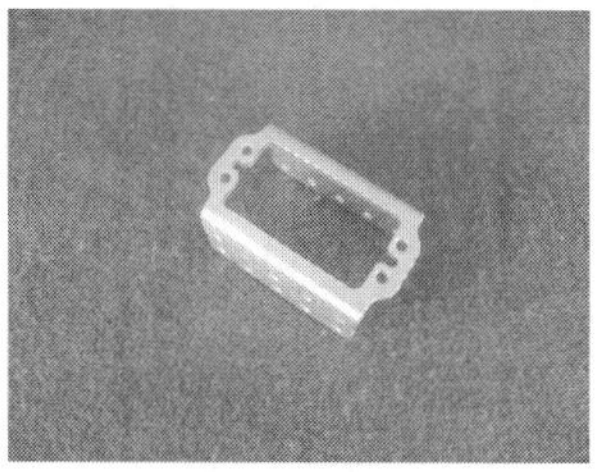
	大轮	电机支架	大舵机支架
简介	可用作大轮子、机架、半球结构、球结构等	6-42A 舵机使用，连接 6-42A 舵机与其他零件	连接大舵机与其他零件
机械结构		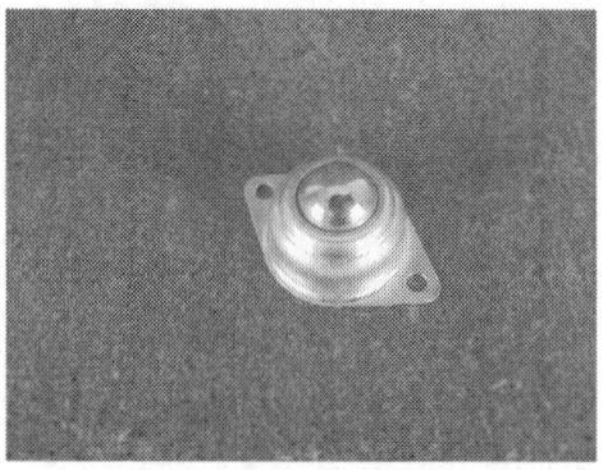	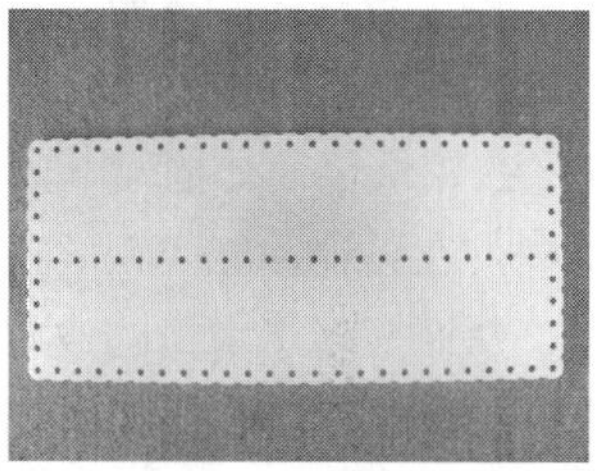
	大舵机 U 形支架	牛眼万向轮	11×25 孔平板
简介	用作大舵机组装关节式结构	国际标准零件	可用作大型机架平台
机械结构	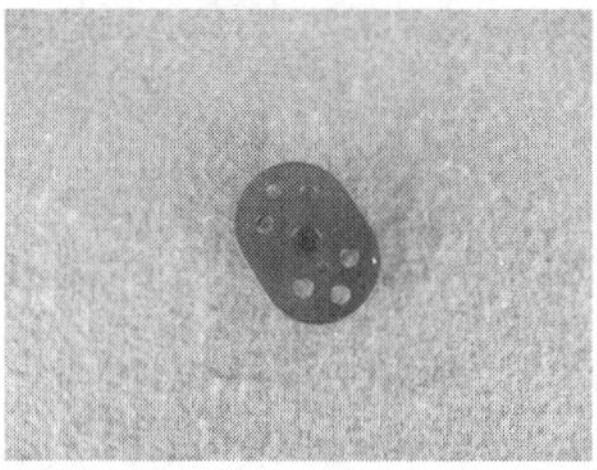	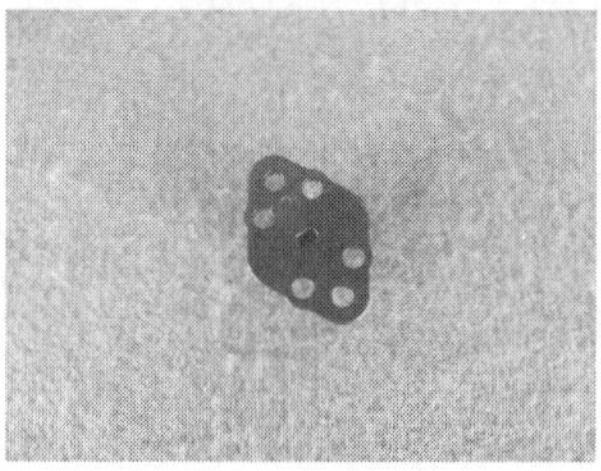	
	输出头	电机后盖输出头	大舵机输出头
机械结构	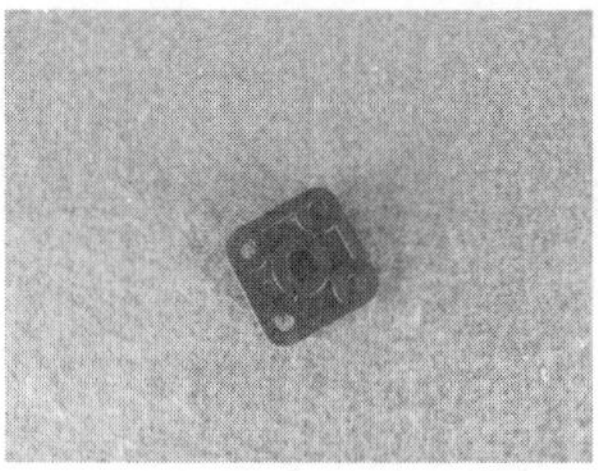	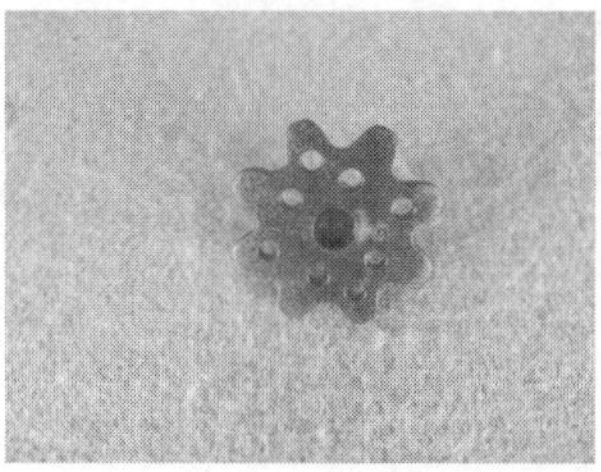	
	大舵机后盖输出头	直流电机输出头	履带片

（2）模块化设计在机器人中的应用

1）电子控制方面的应用

在电子控制方面，模块化设计为机器人功能的拓展和个性化定制提供了极大的便利。根据机器人所需功能，设计者可以从丰富的电子模块库中选择相应的模块进行组合。例如，若要设计一个语音识别机器人，可以选配语音识别模块，通过简单的组装和编程，即可实现语音交互功能；若想构建一个门禁系统，可以根据实际需求选择 RFID 识别模块、数字键盘、指纹识别模块等多种输入模块，实现多因素认证，提高门禁系统的安全性；若需要实现无线通信功能，还可以在创新套件中选取蓝牙串口模块、无线路由器等无线通信模块，使机器人能够与外部设备进行无线数据传输。此外，还有更多种类的电子模块可供选择，设计者可以根据创意和需求，自由组合这些模块，打造出多功能的智能机器人，满足不同场景下的多样化应用需求。

2）机械结构方面的应用

在机械结构方面，考虑到机器人的多样性和创新性需求，模块化设计同样发挥着重要作用。为了适应不同功能和外观的机器人设计要求，设计者并未采用特有的固化结构零件，而是遵循模块化设计的原则，精心设计了 30 多种通用化的零件。这些零件具有良好的兼容性和可扩展性，理论上可以通过不同的组合方式构建出无数种机器人形态，充分展现了模块化设计的灵活性和创新性。

进一步地，若按照一定的结构特征对机器人进行分类，可以划分出人形机器人、仿生类机器人、轮式机器人、异形机器人等多种类型，每一类机器人都具有其独特的结构特点和功能优势。在模块化设计框架下，可以将这些类别中共通的结构部分提炼出来，设计成标准化的模块。这样，在设计相似类型的机器人时，就可以直接选用这些现成的模块，无须从头开始设计和开发，从而节省了大量的成本，包括重新开发的成本、开发后验证的成本等。这种基于模块化的设计方法，不仅提高了机器人设计的效率，还能够保证设计质量，使设计者能够将更多的精力投入到创新和优化方面，推动机器人技术的快速发展。

综上所述，模块化设计在机器人领域具有重要的意义和广泛的应用前景，它为机器人设计者提供了一种高效、灵活且经济的设计思路，有助于实现机器人的多样化、个性化和智能化发展。

1.3.2 开放式软件开发环境

探索者模块化机器人控制系统开发平台是通用开发平台，通过 Arduino Uno R3 主控板（兼容型号）构建硬件基础，采用 Arduino IDE 作为标准开发工具链，形成“积木式硬件+开源软件”的创新开发模式。功能强大且易于使用的开放式软件开发环境，旨在满足不同层次学生和研究人员的开发需求。该环境具有以下特点和优势。

① 丰富的开发库和工具集。平台提供了一套全面的开发库和工具集，涵盖了机器人开发的各个层面，包括硬件驱动、通信协议、算法实现、仿真测试等。这些库和工具集经过精心优化和封装，具有良好的接口设计和文档说明，用户可以直接调用，无须从头开始编写底层代码，大大提高了开发效率和代码质量。

② 灵活的调试和测试功能。开发环境集成了先进的调试和测试工具，支持 C 语言和图形化两种编程方式，开发者易上手。

③ 开放的架构和可扩展性。软件开发环境采用开放的架构设计，用户不仅可以基于平台提供的现有功能进行开发，还可以通过自定义模块、插件等方式扩展平台的功能。这种开放性和可扩展性使得平台能够适应不断变化的技术需求和研究方向，鼓励用户进行创新和探索，为机器人技术的研究和开发提供了广阔的空间。

（1）开发环境搭建流程

步骤 1：软件环境部署。

① 下载安装 Arduino IDE 1.5.2 版本（本书以此版本为例）。

② 安装 CH340G USB 驱动（针对国产主控板适配）。

③ 添加探索者专用库文件：

```
arduino 复制代码
#include <ExplorerBot.h>  // 运动控制库
#include <SENSOR_PACK.h>  // 传感器扩展库
```

步骤 2：硬件连接配置。

① 通过 Micro USB 线连接机器人主控板与计算机。

② 在 IDE 中选择开发板类型：工具→开发板→Arduino Uno。

③ 设置正确的 COM 端口（在设备管理器中确认）。

步骤 3：开发板功能验证。

（2）调试与优化技巧

① 串口调试工具使用。

```
arduino 复制代码
Serial.begin(9600);
Serial.print("当前距离：");
Serial.println(distance);
```

② 实时参数监控。图 1-10 为实时参数监控界面，使用 IDE 内置的串口绘图仪观察传感器数据波形；通过调试 LED 显示系统状态码（开发板板载 LED 闪烁模式）。

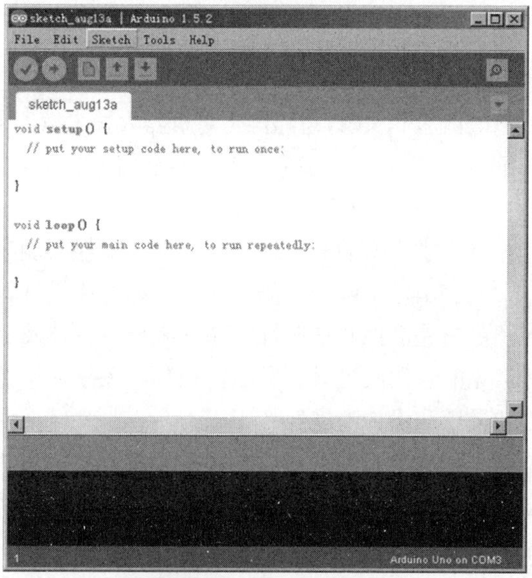

图 1-10　实时参数监控界面

1.4　探索者智能机器人技术开发平台介绍

探索者智能机器人技术开发平台是一个基于机器人智能技术开发的教学平台，如图 1-11 所示，它整合了当前主要的机器人研究技术，涵盖了机械臂（包括串并联机械臂）设计及运动学控制、全向底盘设计及运动控制、仿生机器人设计及运动控制、无线定位技术、机器视觉技术、机器人激光雷达导航技术等六个主题的机器人智能技术。该平台结合了产品设计方法和流程，采用模块化机器人开发理念，将先进的机器人智能技术转化为适合本科教学的机器人智能技术教学平台。它旨在支持机器人专业、智能制造专业以及其他机电相关专业的学生开展专业课程实践、专业拓展实践及工程教育实践，也可以作为机器人结构研究、机器人智能技术研究、机器人系统研究等的设计工具。

图 1-11　探索者智能机器人技术开发平台

1.4.1　平台设计思路

相较于探索者模块化机器人组件，智能机器人技术开发平台的电子控制模块更加丰富，可扩展性和支持算法的复杂程度大大提升，设计思路源于对机器人技术发展趋势和教育需求的深刻洞察。平台以培养学生的创新思维、工程实践能力和解决复杂问题的能力为核心目标，通过模块化设计和项目化教学的方式，将复杂的机器人技术分解为易于理解和掌握的知识模块和实践项目。

平台在设计过程中充分考虑了技术的前沿性和实用性，确保所涵盖的技术领域既符合当前机器人技术的发展方向，又能够满足实际应用的需求。例如，在机械臂设计方面，既包括了传统的串联机械臂，也引入了更具灵活性和适应性的并联机械臂设计及运动学控制技术；在移动机器人领域，不仅涉及了常见的全向底盘设计及运动控制，还融入了仿生机器人设计及运动控制技术，以激发学生的创新灵感和设计潜能。

同时，平台注重理论与实践的紧密结合。通过项目化教程的编写和实践项目的设置，使学生在学习理论知识的基础上，能够亲自动手设计、搭建和调试机器人系统，将所学知识运用到实际操作中，从而加深对机器人技术的理解和掌握。这种设计思路不仅有助于提高学生的学习兴趣和积极性，还能够培养他们团队协作、沟通交流和项目管理等多方面的能力，为未来的职业发展打下坚实的基础。

此外，平台还考虑到教学的灵活性和可扩展性。采用模块化设计使得平台可以根据不同专业、不同课程的需求进行灵活组合和定制，既可以作为机器人专业核心课程的教学平台，也可以为其他相关专业的选修课程提供实践支持。同时，平台的开放性和可扩展性允许教师和学生根据教学进度和研究需求，不断增加新的模块和功能，拓展平台的应用范围和深度。

电子元件（高级版）清单及简介见表 1-3。

表 1-3　电子元件（高级版）清单及简介

电子元件（高级版）	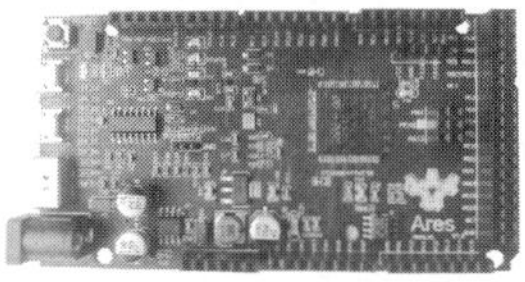	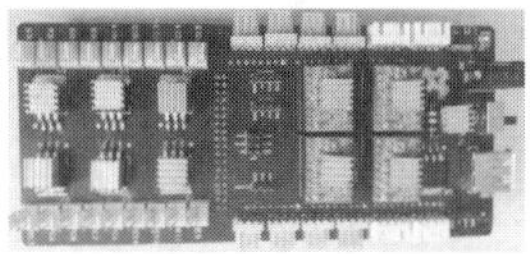	
	MCU-F4 主控板	SH-R4ST 扩展板	树莓派
简介	采用 STM32F407VET6 芯片	预设端口功能，可直接使用，与主控板堆叠安装，方便学习	一种主控板，可单独烧录一个系统，成为一个主机
电子元件（高级版）	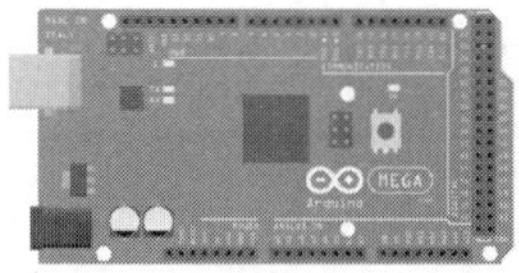		
	Arduino MEGA 2560	OLED 模块	摄像头
简介	AVR 开发板	白色，显示尺寸 0.96 英寸[1]，分辨率 128×64	可检测视频信号
电子元件（高级版）			
	触碰传感器	超声波测距传感器	灰度传感器
简介	TTL 电平信号	发射与接收超声波，可检测能反射超声波的物体，并测量与其的距离	一种红外光电传感器，可检测颜色的灰阶值，TTL 电平信号
电子元件（高级版）			
	ESP8266	ESP8266 转串口下载模块	陀螺仪
简介	可用作 Wi-Fi 通信和定位	往 ESP8266 模块下载程序用的串口模块	能够在动态环境下准确输出模块的当前姿态
电子元件（高级版）			
	激光雷达		
简介	一种用作地图构建的高级传感器		

[1] 1英寸=2.54cm。

1.4.2 开放式软件开发环境

本系统采用“感知-决策-执行”三级硬件协同体系：

① 感知层：Arduino MEGA 2560 管理 16 路传感器集群（含 IMU、温湿度传感器等）。

② 决策层：树莓派 4B（4GB）运行 ROS Melodic，执行 SLAM 导航算法。

③ 执行层：STM32F407VET6 实现 6 轴伺服电机闭环控制。

系统通信拓扑架构如图 1-12 所示。

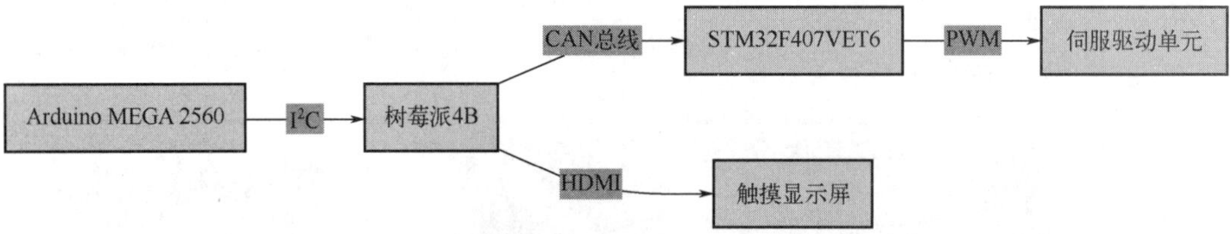

图 1-12 系统通信拓扑架构图

采用的多平台联合调试工具，包括 Keil（STM32 实时控制程序）、树莓派 ROS 节点开发（Ubuntu 18.04-ROS）和 Arduino IDE，图 1-13 为多平台联合调试图。

Keil IDE

Arduino IDE

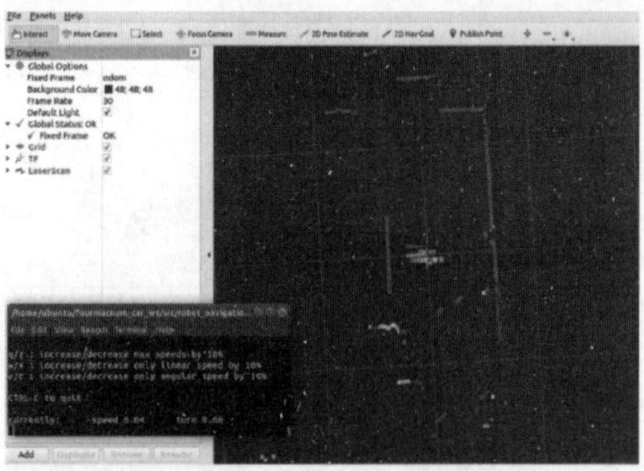

基于Ubuntu 18.04-ROS

图 1-13 多平台联合调试图

本章小结

本章系统地介绍了智能机器人技术的发展现状与未来趋势，详细阐述了从 20 世纪 70 年代的

4/8 位单片机到现代高性能 MCU 的技术发展脉络，重点分析了各阶段典型芯片的技术特点及其在机器人领域的应用场景。随着半导体技术的进步，现代单片机在计算性能、功耗控制和功能集成等方面都取得了显著突破，为智能机器人提供了强大的“神经中枢”。

本章重点阐述了“探索者”模块化机器人组件和智能机器人技术开发平台的教学实践方案。这些平台采用模块化设计理念和开放式软件开发环境，将复杂的机器人技术分解为可灵活组合的功能模块，为学习者提供了从基础到进阶的系统化实践路径。通过理论与实践相结合的教学方式，培养学生的工程思维和创新能力。

本章内容构建了完整的知识框架，既展现了机器人技术的广阔应用前景，也指出了当前的技术瓶颈和发展方向，为后续章节的具体技术学习和实践操作奠定了坚实基础。

思考题

1-1 简述单片机技术发展的四个关键阶段及其代表性芯片，并分析各阶段的技术特点。

1-2 模块化设计在机器人开发中的优势有哪些？请以探索者机器人组件为例，说明其电子控制模块和机械结构模块的组成及功能。

1-3 工业机器人与服务机器人在技术要求和应用场景上有哪些主要区别？请结合具体实例进行分析。

1-4 未来机器人技术的发展面临哪些关键挑战？请从核心技术自主化、应用场景、伦理安全等角度展开讨论。

本书配套资源

第2章

单片机控制技术基础

本章知识导图

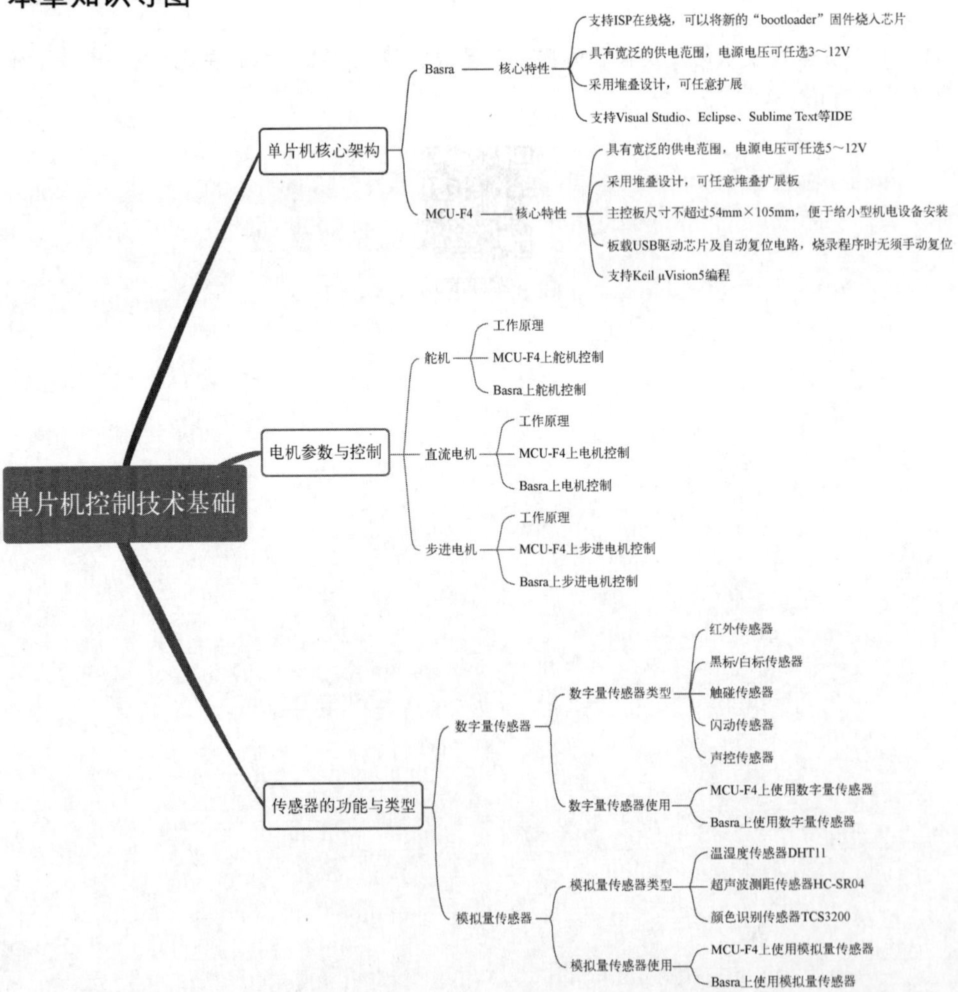

本章学习目标

【知识目标】

1. 掌握 MCU-F4 和 Basra 芯片的核心特性（架构、外设资源、应用场景）。
2. 理解直流电机、舵机、步进电机的工作原理及控制方法（PWM 控制）。
3. 掌握数字量传感器和模拟量传感器的接口定义、信号特性及数据采集方法。

【能力目标】

1. 能独立完成 MCU-F4 与 Basra 芯片的 GPIO、ADC、PWM 等外设初始化配置。
2. 能综合运用本章的知识完成小型项目，如智能循迹避障小车等。

【素养目标】

1. 培养规范化的嵌入式编程习惯（代码注释、模块化设计）。
2. 强化团队协作能力，在项目分工中承担硬件/软件角色并有效沟通。

2.1 单片机核心架构

2.1.1 Basra 主控板简介

Basra 是一款基于 Arduino 开源方案设计的开发板，处理器核心是 ATmega328，主 CPU 采用 AVR ATmega328 型控制芯片。控制板尺寸不超过 60mm×60mm，便于安装。控制板具有 14 路数字输入/输出接口（其中 6 路可作为 PWM 输出）、6 路模拟输入、一个 16MHz 晶体振荡器、一个 USB 接口、一个电源插座、一个 ICSP header 和一个复位按钮，如图 2-1 所示。该系统的硬件电路包括：电源电路、串口通信电路、MCU 基本电路、烧写接口、显示模块、AD/DA 转换模块、输入模块、I^2C 存储模块等。控制板含 3A6V 的稳压芯片，可为舵机提供 6V 额定电压。板载 8×8LED 模块采用 MAX7219 驱动芯片。板载 2 片直流电机驱动芯片 L9170，可驱动两个直流电机。板载 USB 驱动芯片及自动复位电路，烧录程序时无须手动复位。2 个 2×5 的杜邦座扩展坞，方便无线模块、OLED、蓝牙等扩展模块直插连接，无须额外接线。此外该控制板上集成了编程器，通过 USB 与电脑连接，下载程序即可。该控制板的特点如下：

① 可以采用 USB 接口供电，不需外接电源，也可以使用外部 DC 输入。

② 支持 ISP 在线烧，可以将新的“bootloader”固件烧入芯片。有了 bootloader 之后，可以在线更新固件。

③ 支持多种互动程序，如 Flash、Max/MSP、VVVV、PD、C、Processing 等。

④ 具有宽泛的供电范围，电源电压可任选 3～12V。

⑤ 采用堆叠设计，可任意扩展。

⑥ 支持 Visual Studio、Eclipse、Sublime Text 等 IDE。

该控制板的具体参数如下：

① 处理器 ATmega328；

② 工作电压 5V；

③ 输入电压（推荐）7～12V；

④ 输入电压（范围）6～20V；

⑤ 数字 I/O 脚 14 路，其中，6 路作为 PWM 输出；

⑥ 模拟输入脚 6 路；

⑦ I/O 脚直流电流 40mA；

⑧ 3.3V 脚直流电流 50mA；

⑨ Flash Memory 32KB（ATmega328，其中 0.5KB 用于 bootloader）；

⑩ SRAM 2KB（ATmega328）；

⑪ EEPROM 1KB（ATmega328）；

⑫ 工作时钟 16MHz。

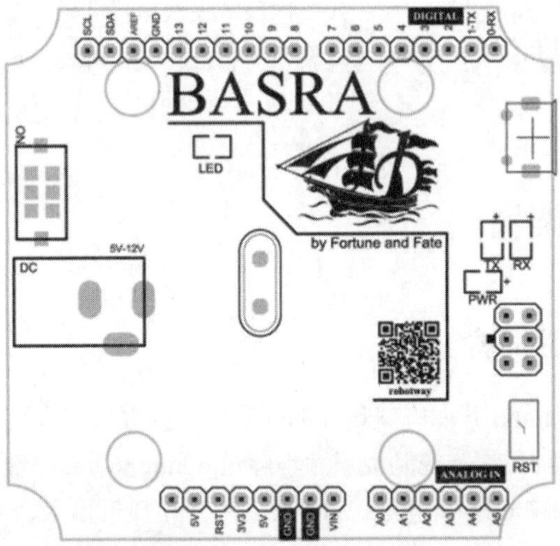

图 2-1 Basra 芯片接口示意图

2.1.2 MCU-F4 主控板简介

ST（意法半导体）推出了以 ARM®Cortex™-M4 为内核的 STM32F4 系列高性能微控制器，如图 2-2 所示，它采用 90 纳米的 NVM 工艺和 ART（自适应实时存储器加速器，Adaptive Real-Time Memory Accelerator™）。ART 技术使得程序零等待执行，提升了程序执行的效率，将 Cortex-M4 的性能发挥到了极致，使得 STM32F4 系列可达到 210DMIPS@168MHz。

自适应实时存储器加速器能够完全释放 Cortex-M4 内核的性能；当 CPU 工作于所有允许的频率(≤168MHz)时，在闪存中运行的程序，可以达到相当于零等待周期的性能。

STM32F4 系列微控制器集成了单周期 DSP 指令和 FPU（floating point unit，浮点单元），提升了计算能力，可以进行一些复杂的计算和控制。STM32F4 系列引脚和软件兼容于当前的 STM32F2 系列产品。该主控板的特点如下：

① 可以采用 USB 接口供电，不需外接电源，也可以使用外部 DC 输入；

② 具有宽泛的供电范围，电源电压可任选 5～12V；

③ 采用堆叠设计，可任意堆叠扩展板；

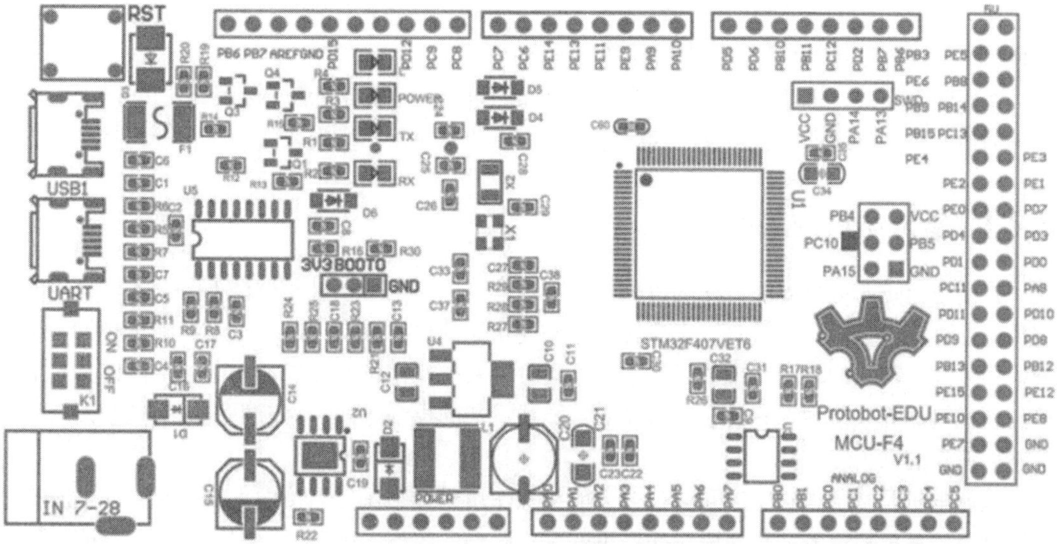

图 2-2　MCU-F4 主控板的引脚图

④ 主控板尺寸不超过 54mm×105mm，便于给小型机电设备安装；

⑤ 板载 USB 驱动芯片及自动复位电路，烧录程序时无须手动复位；

⑥ 支持 Keil μVision5 编程。

该主控板详细参数如下：

① 内核：包含带有 FPU 的 ARM®32 位 Cortex™-M4CPU（主频高达 168MHz）、在 Flash 存储器中实现零等待状态运行性能的自适应实时存储器加速器(ART 加速器™)、MPU，能够实现高达 210DMIPS 即 1.25DMIPS/MHz(Dhrystone 2.1)的性能，具有 DSP 指令集。

② 存储器：512KB Flash，（192+4）KB 的 SRAM，包括 64KB 的 CCM（内核耦合存储器）数据 RAM；具有 32 位数据总线的灵活外部存储控制器，如 SRAM、PSRAM、NOR/NAND 存储器。

③ LCD 并行接口，兼容 8080/6800 模式。

④ 电源电压 1.8～3.6V。

⑤ 通用 DMA：具有 FIFO 和突发支持的 16 路 DMA 控制器。

⑥ 17 个定时器。

⑦ 15 个通信接口。

⑧ GPIO：114 个可编程 I/O 接口。

2.2　电机控制

机器人执行器是将控制信号转化为物理动作的核心组件，负责实现运动和执行任务。常见的执行器包括电机类（如直流电机和舵机）、液压与气动执行器以及智能执行器。直流电机通常用于连续旋转运动，舵机用于精确角度控制。液压执行器提供强大推力，适合重型机械，而气动执行器响应快速，适合轻负载和高频动作。智能执行器集成传感器和控制器，支持闭环控制和模块化设计，能够实时反馈位置、速度和力信息，提升运动精度和稳定性。执行器的选择取决于任务需求，如负载能力、运动精度和工作环境等，通过合理配置，机器人能够高效完成复杂任务，推动工业自动化、服务机器人等领域的发展。

在探索者模块化机器人系统中，直流电机和舵机是两种常用的执行器，它们分别用于实现不同的运动控制需求。本章将详细阐述这两种电机的参数及其控制方法。

2.2.1 直流电机的工作原理

直流电机是一种将电能转化为机械能的执行器，广泛应用于机器人、工业设备及其他电子产品中。直流电机具有高效能、宽电压范围和高扭矩输出的特点，适用于连续旋转和大负载场景，如轮式机器人的驱动轮或传送带系统。同时，其模块化设计和低噪声运行特性使其易于集成到各类机器人系统中。凭借稳定可靠的性能和灵活的控制方式，直流电机成为机器人执行器中不可或缺的动力组件。

直流电机是基于电磁感应和洛伦兹力的相互作用进行工作。当接通直流电源时，电流流过电枢绕组，在电枢电流与磁极磁场作用下产生电磁力，其方向用左手定则来判定。电枢因此受到旋转力矩的作用而开始转动。电刷和换向片的组合确保电流在电枢绕组中持续切换方向，从而使转子能够连续旋转。直流电机的工作原理如图 2-3 所示。

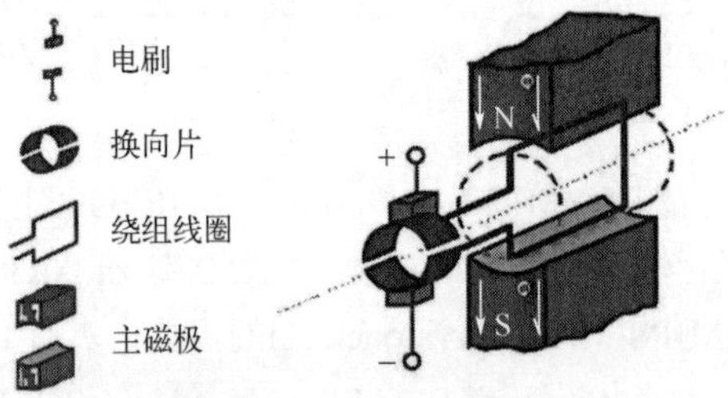

图 2-3　直流电机的工作原理

由直流电机工作原理分析可知，要实现机电能量的变换，电机的磁极和电枢绕组之间必须有相对运动，所以直流电机是由固定不动的定子和旋转的转子两大部分组成的。定子、转子之间的间隙叫空气隙。直流电机一般将磁极放在定子上，电枢绕组放在转子上，图 2-4 为直流电机结构图。

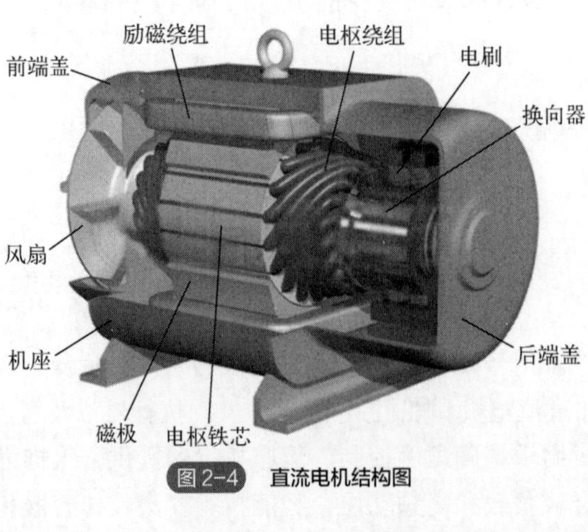

图 2-4　直流电机结构图

直流电机的转速高但扭矩较低，而机器人（如关节驱动机器人、轮式移动机器人）通常需要较大的扭矩来克服负载（如自重、摩擦力或外部阻力）。减速器通过齿轮传动降低转速，同时按减速比放大扭矩，使电机能驱动更重的机械结构。减速器还能优化电机的工作效率，使其运行在高效转速区间，同时减少负载侧的转动惯量，提高系统的动态响应和控制精度，避免因直接驱动导致的振荡或定位不准问题。此外，减速器还能在机械冲击或突然启停时保护电机，延长其使用寿命。虽然某些高速机器人（如无人机）可能采用高扭矩无刷电机直接驱动，但大多数机器人仍需减速器来实现低速、高扭矩的稳定运行，从而提升整体性能和可靠性。

直流电机是机器人驱动轮的核心动力部件之一，同时也广泛应用于各类圆周运动机构中，如曲柄摇杆机构、曲柄滑块机构等传动装置。图 2-5 所示的直流电机采用了集成化设计，已经内置减速齿轮箱，其减速比达到 87∶1，这种设计使电机在保持较小体积的同时，能够提供适合机器人运动的转速输出。不过需要注意的是，虽然减速齿轮箱提高了扭矩输出，但由于电机本身功率限制，其输出力矩相对较小，更适合中小型机器人应用。该电机的详细性能参数如表 2-1 所示。

图 2-5 直流电机

表 2-1 直流电机参数

参数	额定电压	额定电流	扭力	转速	减速比
值	4.5V	180mA	5kgf·cm	69r/min	87∶1

2.2.2 直流电机的应用

【例 2-1】使用 STM32F4 微控制器和直流电机设计一个简单的电机控制系统，电机驱动模块的 IN1 信号线与 STM32F4 微控制器的 PA0 口连接，IN2 信号线与 PA1 口连接，通过对 IN1 和 IN2 引脚不同电平进行组合，实现电机的正转、反转和停止。

```
// motor.h
#include "stm32f4xx_hal.h"
#define MOTOR_IN1_PIN    GPIO_PIN_0
#define MOTOR_IN2_PIN    GPIO_PIN_1
#define MOTOR_GPIO_PORT  GPIOA
// 宏定义简化引脚操作
#define MOTOR_IN1_HIGH() HAL_GPIO_WritePin(MOTOR_GPIO_PORT, MOTOR_IN1_PIN, GPIO_PIN_SET)
#define MOTOR_IN1_LOW()   HAL_GPIO_WritePin(MOTOR_GPIO_PORT, MOTOR_IN1_PIN, GPIO_PIN_RESET)
#define MOTOR_IN2_HIGH()  HAL_GPIO_WritePin(MOTOR_GPIO_PORT, MOTOR_IN2_PIN, GPIO_PIN_SET)
#define MOTOR_IN2_LOW()   HAL_GPIO_WritePin(MOTOR_GPIO_PORT, MOTOR_IN2_PIN, GPIO_PIN_RESET)
void Motor_GPIO_Init(void) {
```

```
        GPIO_InitTypeDef GPIO_InitStruct = {0};
        __HAL_RCC_GPIOA_CLK_ENABLE();
        GPIO_InitStruct.Pin   = MOTOR_IN1_PIN | MOTOR_IN2_PIN;
        GPIO_InitStruct.Mode  = GPIO_MODE_OUTPUT_PP;
        GPIO_InitStruct.Pull  = GPIO_NOPULL;
        GPIO_InitStruct.Speed = GPIO_SPEED_FREQ_HIGH;
        HAL_GPIO_Init(MOTOR_GPIO_PORT, &GPIO_InitStruct);
}

// 正转函数
void Motor_Forward(void) {
    MOTOR_IN1_HIGH();
    MOTOR_IN2_LOW();
}
// 反转函数
void Motor_Reverse(void) {
        MOTOR_IN1_LOW();
        MOTOR_IN2_HIGH();
}
// 停止函数
void Motor_Stop(void) {
        MOTOR_IN1_LOW();
        MOTOR_IN2_LOW();
}
```

在模块化机器人平台中，Basra 开源主控板作为核心控制器，虽然功能强大，但直接驱动电机等执行机构需要额外搭建驱动电路，增加了开发难度和硬件复杂度。针对这一问题，Bigfish 扩展板提供了完美的解决方案，这是一款专为 Basra 设计的全兼容多功能驱动扩展板，能够显著简化机器人系统的搭建过程。该扩展板采用高度集成化设计，板载直流电机驱动芯片、多路舵机接口以及 MAX7219 LED 驱动芯片，无需任何外围电路即可直接驱动舵机、直流电机和数码管等常见执行部件，极大降低了开发门槛。所有 3P 和 4P 接口均采用人性化的防反插设计，有效避免因接线错误导致的硬件损坏。此外，扩展板还提供 5V、3.3V 及 VIN 三种电源接口，可灵活满足各类传感器和执行模块的供电需求，其模块化设计不仅减少了电机噪声对控制信号的干扰，更使整个系统更加稳定可靠。使用时，只需通过标准接口将 Basra 主控板与 Bigfish 扩展板连接，并编写相应的控制程序，即可实现电机的正反转、调速等操作。这种扩展方案大幅提升了系统的可靠性和可扩展性，使机器人能够适配不同功率的电机，同时简化了硬件连接和开发流程。直流电机与 Bigfish 扩展板连接如图 2-6 所示。

图 2-6 直流电机连接 Bigfish 扩展板

直流电机的双线制控制需要对其两个引脚进行精确的电平配置。Bigfish 扩展板上有两个直流电机接口——D5/D6 和 D9/D10。以 D9/D10 为例，当直流电机接 D9 和 D10 引脚时，其控制图块如图 2-7 所示，其控制逻辑可分为三种基本工作模式：首先，当 D9 置为高电平而 D10 置为低电平时，电机正转；其次，将 D9 置为低电平同时 D10 置为高电平，则电机反转；最后，当两个引脚均置为低电平时，电机停转。从电路理论角度分析，还存在第四种工作模式，即两个引脚同时置为高电平的“动态制动”模式，该模式虽能实现快速制动，但由于会产生较大的反向电动势和短路电流，可能对驱动电路造成损害，故在常规应用中应当避免使用。

【例 2-2】采用 Basra 主控板作为核心控制器，将 Bigfish 扩展板叠放在 Basra 主控板上面，Bigfish 扩展板的两个直流电机接口 D9/D10 与直流电机相连，通过配置 D9/D10 的电平，实现直流电机的正转控制，并通过“设定针脚模拟值”模块实现精确调速。

在 Arduino 中，设计控制图块如图 2-7 所示。

图 2-7　两根针脚分别为 D9 和 D10 的直流电机接口控制图块

其对应生成的 C 语言代码为：

```
void setup()
{
  pinMode(9, OUTPUT);
  pinMode(10, OUTPUT);
}
void loop()
{
  digitalWrite( 9, HIGH );
  digitalWrite( 10, LOW );
}
```

设计“设定针脚模拟值”模块如图 2-8 所示，将 D9 设为 255，即可实现高转速控制。

图 2-8　电机转速控制程序图块

图 2-8 所示控制图块对应生成的 C 语言代码为：

```
void setup()
{
  pinMode( 9, OUTPUT);
}
void loop()
{
  analogWrite(9 ,255);
}
```

2.2.3 舵机的工作原理

舵机是一种基于闭环控制系统的精密伺服驱动器，其核心功能是实现高精度的位置（角度）伺服控制。作为一种智能执行模块，它能够实时响应控制信号，精确调节输出轴的角度位置，并在目标位置实现自保持，适用于需要精确角度控制和动态位置调整的应用场景。探索者机器人平台集成了专为智能装备开发优化的舵机系统，这类源自航模舵机技术的小型伺服电机根据运动特性可分为两大类型：标准舵机和圆周舵机。标准舵机采用有限角度设计（通常为 0°～180°），通过内置电位器实现位置反馈，适用于机械臂关节、仿生肢体等需要精确定位的场景；而圆周舵机突破角度限制，支持连续 360° 旋转，其速度可调特性使其适用于轮式机器人驱动、传送机构等持续运动场景。其参数见表 2-2。

表 2-2　舵机参数

参数	工作电压	电流(空载)	空载转速	堵转扭矩	堵转电流	待机电流	旋转角度
标准舵机	4.8V	200mA	0.16s/60°	2.1kg·cm	1.1A	7mA	180°
	6V	280mA	0.13s/60°	2.9kg·cm	1.3A	7mA	180°
圆周舵机	4.8V	480mA	58r/min	1.9kg·cm	1.0A	7mA	360°
	6V	580mA	78r/min	2.2kg·cm	1.2A	7mA	360°

舵机之所以能转动，是因为内部有电机(俗称马达)驱动，通过齿轮的传动作减速，最终在输出头呈现速度慢、扭力大的效果。舵机也属于提供动力输出的一种执行模块，它与电机的区别是，电机是高速转动，扭力小，连续转，无法精准控制转动的角度；舵机速度慢，但扭力大，由于内部输出头位置还有检测位置变化的电位器(可滑动变阻器)，可以精准控制角度。舵机的内部结构如图 2-9 所示。

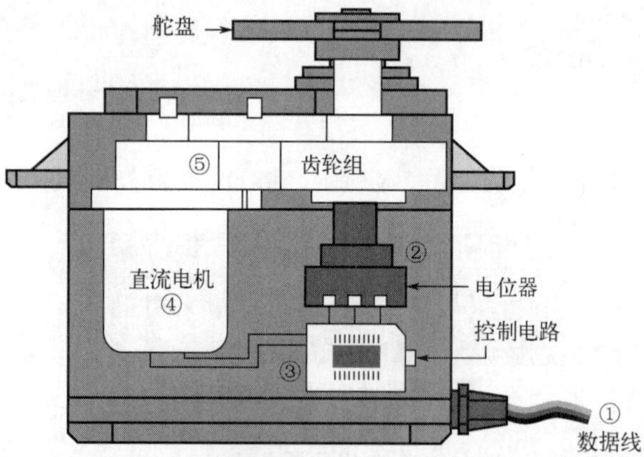

图 2-9　舵机内部结构

① 数据线：传输来自微控制器的控制信号。

② 电位器：位置传感器，用来测量输出轴的位置，并反馈位置信号，是舵机的反馈部分。

③ 控制电路：处理控制信号、驱动电机、处理电位器反馈的位置信号，是舵机的核心。

④ 直流电机：输出转速、扭矩，是舵机的执行机构。

⑤ 齿轮组(变速箱)：一组减速齿轮，主要目的是降低电机转速，增加力矩。

舵机的工作原理是通过内部的控制电路接收 PWM 脉冲宽度调制信号，然后控制内置电机转动，内置电机带动一系列的减速齿轮组把扭矩传递至输出轴和舵盘，输出轴与用于反馈角度位置的电位器相互连接，当舵盘转动的时候，同时会带动电位器输出一个电压信号，反馈至舵机内部的控制电路，然后控制电路根据其位置决定舵机转动的角度或者速度。其工作原理如图 2-10 所示。

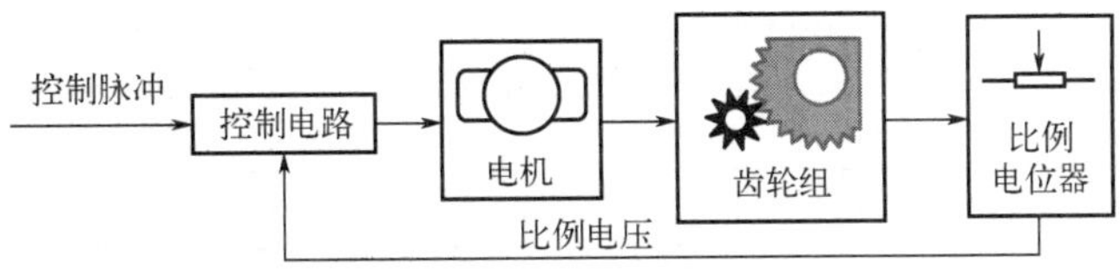

图 2-10　舵机的工作原理

2.2.4　舵机的应用

舵机的输入接口采用三线制设计。其中，红色线为电源正极（VCC），黑色线为电源负极（GND），这两根导线构成供电回路，为舵机电机驱动及控制电路提供工作电源。该电源系统支持双电压规格，即 4.8V 和 6.0V，不同供电电压将直接影响输出扭矩性能参数。第三根线为 PWM 信号输入线（控制线），用于接收控制信号，其颜色编码遵循厂商标准：Futaba 系列采用白色线缆，JR 系列则使用橘黄色标识。这种标准化设计确保了舵机与各类控制系统的兼容性，同时明确的颜色区分便于用户正确接线。舵机的接线如图 2-11 所示。

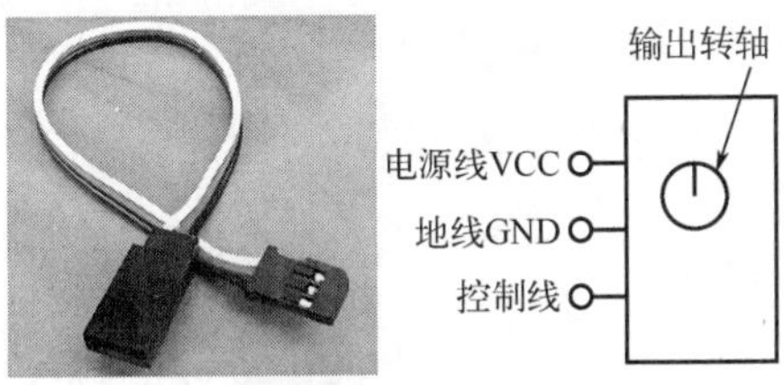

图 2-11　舵机接线

舵机的核心控制方法是通过调整 PWM 信号的脉冲宽度来实现角度或位置控制。PWM 是指脉冲宽度调制，即在一定时间内，通过改变脉冲的宽度来控制舵机的角度。信号源是通过微控制器（如 Arduino 或 STM32）或其他控制芯片来生成的。通过这种方式，可以控制舵机的位置、速度和方向。

设置 PWM 周期为 20ms（频率 50Hz），通过改变占空比（即高电平持续时间）调节脉冲宽度，脉冲宽度范围通常为 0.5～2.5ms。脉冲宽度与旋转角度呈线性关系：1.5ms 对应中性位置（如 180° 舵机的 90° 中位）；小于 1.5ms 时舵机转向 0° 方向，大于 1.5ms 时转向 180° 方向。

在“探索者”平台中，除常规舵机外，还包含 6-42A 舵机、270° 舵机和大舵机（包含大标准舵机和大圆周舵机）。它们的控制原理及控制方法与常规舵机完全相同，只是扭力等参数不同，6-42A 舵机一般用于机械臂关节，270° 舵机适用于传统 180° 舵机无法满足的转角场景，大舵机通常用于轮式底盘驱动。具体参数如表 2-3～表 2-5 所示。

表 2-3　6-42A 舵机参数

参数	工作电压	电流(空载)	空载转速	堵转扭矩	堵转电流	待机电流	旋转角度
值	4.8～6V	280～360mA	0.14～0.17s/60°	3.5～4.2kg·cm	1.3～1.5A	7mA	180°

表 2-4 270°舵机参数

参数	工作电压	电流(空载)	空载转速	堵转扭矩	堵转电流	待机电流	旋转角度
值	6～8.4V	80～100mA	0.18～0.2s/60°	22～26kg·cm	3.5～3.8A	4～5mA	270°

表 2-5 大舵机参数

参数	工作电压	电流(空载)	空载转速	堵转扭矩	堵转电流	待机电流	旋转角度
大标准舵机	6～7.4V	450～550mA	0.16～0.2s/60°	12.2～14.5kg·cm	2.3～2.7A	6mA	180°
大圆周舵机	4.8～6V	200～220mA	43～56r/min	11.4～13.4kg·cm	2.1～2.4A	6mA	360°

【例 2-3】使用 STM32F4 微控制器和舵机设计一个简单的电机控制系统，舵机的数据线连接到 PA8(TIM1_CH1)引脚，通过 Servo（ ）函数编写程序，实现舵机的正转、反转和停止。

```
#include "stm32f4xx.h"
#include "stm32f4xx_hal.h"

// 函数声明
void PWM_Init(void);
void Servo_SetAngle(uint8_t angle);
void Servo_Forward(uint16_t time_ms);
void Servo_Reverse(uint16_t time_ms);
void Servo_Stop(void);

int main(void) {
    // HAL 库初始化
    HAL_Init();
    // 系统时钟配置
    SystemClock_Config();
    // PWM 初始化
    PWM_Init();

    // 测试序列
    while(1) {
        // 1. 正转 5s (0°→180°)
        Servo_Forward(5000);
        // 2. 停止 2s (保持 180°位置)
        HAL_Delay(2000);
        // 3. 反转 5s (180°→0°)
        Servo_Reverse(5000);
        // 4. 急停 (保持 0°位置)
        Servo_Stop();
        // 循环间隔
        HAL_Delay(3000);
    }
}

// PWM 初始化函数
void PWM_Init(void) {
    TIM_HandleTypeDef htim1;
    TIM_OC_InitTypeDef sConfigOC = {0};
```

```
    // 时钟使能
    __HAL_RCC_TIM1_CLK_ENABLE();
    __HAL_RCC_GPIOA_CLK_ENABLE();

    // GPIO 配置
    GPIO_InitTypeDef GPIO_InitStruct = {0};
    GPIO_InitStruct.Pin = GPIO_PIN_8;
    GPIO_InitStruct.Mode = GPIO_MODE_AF_PP;
    GPIO_InitStruct.Pull = GPIO_NOPULL;
    GPIO_InitStruct.Speed = GPIO_SPEED_FREQ_HIGH;
    GPIO_InitStruct.Alternate = GPIO_AF1_TIM1;
    HAL_GPIO_Init(GPIOA, &GPIO_InitStruct);

    // 定时器基础配置
    htim1.Instance = TIM1;
    htim1.Init.Prescaler = 84-1;      // 84MHz/84 = 1MHz
    htim1.Init.CounterMode = TIM_COUNTERMODE_UP;
    htim1.Init.Period = 20000-1;      // 20ms 周期(50Hz)
    htim1.Init.ClockDivision = TIM_CLOCKDIVISION_DIV1;
    HAL_TIM_PWM_Init(&htim1);

    // PWM 通道配置
    sConfigOC.OCMode = TIM_OCMODE_PWM1;
    sConfigOC.Pulse = 1500;           // 初始 1.5ms(90°)
    sConfigOC.OCPolarity = TIM_OCPOLARITY_HIGH;
    sConfigOC.OCFastMode = TIM_OCFAST_DISABLE;
    HAL_TIM_PWM_ConfigChannel(&htim1, &sConfigOC, TIM_CHANNEL_1);

    // 启动 PWM
    HAL_TIM_PWM_Start(&htim1, TIM_CHANNEL_1);
}

// 设置舵机角度(0°~180°)
void Servo_SetAngle(uint8_t angle) {
    if(angle > 180) angle = 180;
    TIM1->CCR1 = angle * 2000 / 180 + 500;  // 转换为 500~2500μs 脉冲
}

// 正转控制(0°→180°)
void Servo_Forward(uint16_t time_ms) {
    uint16_t delay = time_ms / 180;
    for(uint8_t angle = 0; angle <= 180; angle++) {
        Servo_SetAngle(angle);
        HAL_Delay(delay);
    }
}

// 反转控制(180°→0°)
void Servo_Reverse(uint16_t time_ms) {
    uint16_t delay = time_ms / 180;
    for(uint8_t angle = 180; angle > 0; angle--) {
        Servo_SetAngle(angle);
```

```
            HAL_Delay(delay);
        }
        Servo_SetAngle(0);  // 确保回到 0°
    }

    // 急停函数(保持当前位置)
    void Servo_Stop(void) {
        // 舵机无制动功能，只能保持当前位置
    }
```

【例 2-4】采用 Basra 主控板，利用 Arduino 的<servo.h>库提供两个函数控制舵机，即 write( ) 和 writeMicroseconds( )，编写控制程序控制 360° 和 180° 这两种舵机。

360° 舵机：通过 x 来设定舵机的速度（0 代表一个方向的全速运行，180 代表另一个方向的全速运行，90 则不运行）。

```
#include <Servo.h>
Servo myservo;
Void setup()
{
Myservo.attach(9);
Myservo.write(90);  //舵机不动
Myservo.writeMicroseconds(1500); //进入停止状态，舵机不动
}
Void loop()
{}
```

180° 舵机：通过 x 设定舵机舵盘的角度

```
#include <Servo.h>
Servo myservo;
Void setup()
{
Myservo.attach(9);
Myservo.write(90);  //在中间位置
Myservo.writeMicroseconds(1500); //停在中间位置
}
Void loop()
{}
```

值得注意的是，如果 x 不等于 90，360° 舵机会一直不停地转，而 180° 舵机在到达设定角度后会停下。

2.2.5 步进电机的工作原理

步进电机是将电脉冲信号转变为角位移或线位移的开环控制元件，通过控制施加在电机线圈上的电脉冲顺序、频率和数量，可以实现对步进电机的转向、速度和旋转角度的控制。配合以直线运动执行机构或齿轮箱装置，可以实现更加复杂、精密的线性运动控制要求。步进电机一般由前后端盖、轴承、中心轴、转子铁芯、定子铁芯、定子组件、波纹垫圈、螺钉等部分构成，其结构如图 2-12 所示。

步进电机也叫步进器，利用电磁学原理，将电能转换为机械能，是由缠绕在电机定子齿槽上的线圈驱动的。通常情况下，一根绕成圈状的金属丝叫作螺线管，而在电机中，绕在定子齿

槽上的金属丝则叫作绕组、线圈或相。当给某相定子绕组通电时，在电机气隙中会产生磁场，当定子齿和转子齿不对齐时，在反应扭矩的作用下将转子吸引，使转子齿与该相定子齿对齐。当换接另一相时，重复上述过程，依此类推，电机步进运动。图 2-13 为 A 相通电换接到 B 相通电的过程，A 相通电时，定、转子齿对齐。由 A 相换接到 B 相的瞬间，在 B 相定子磁场作用下产生反应扭矩，吸引转子向与 B 相定子齿对齐的方向运动。

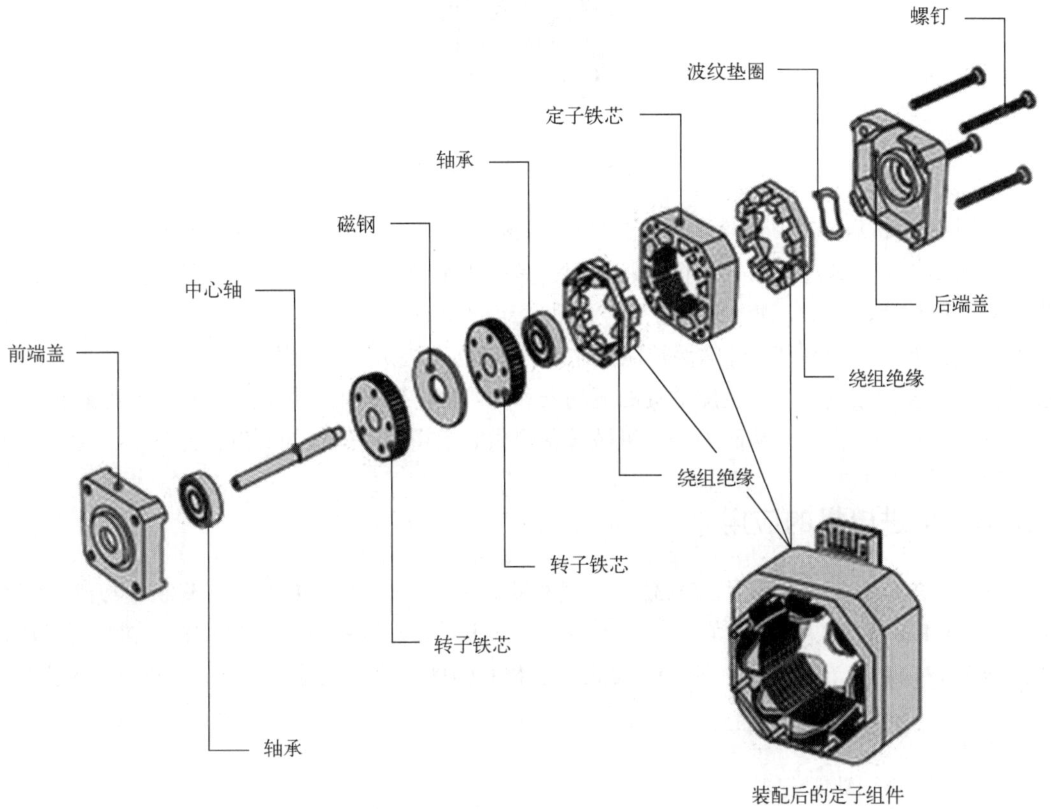

图 2-12 步进电机结构

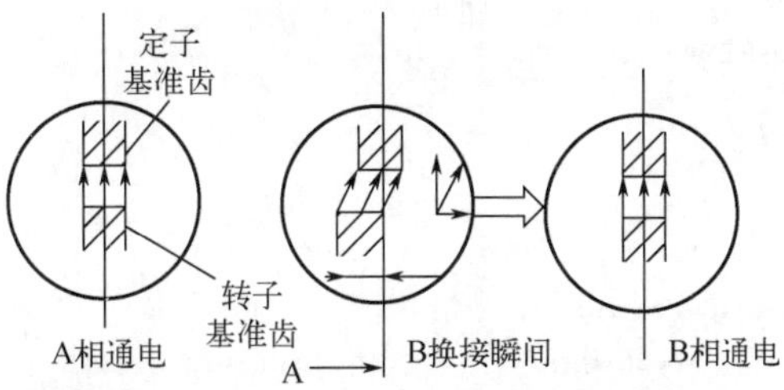

图 2-13 A 相通电换接到 B 相通电的电机转动示意图

42 步进电机具有较高的定位精度、卓越的控制性能和稳定可靠的运行特性，因此广泛应用于各种机械设备的运动控制系统中。该电机的特点在于其具有 4 个相，每个相的相位差为 90°，一步为一个相的激励，每个步进电机能够产生精确的步进运动，这使其非常适合用于需要准确控制运动的场景。在机械设备的控制中，42 步进电机可以通过控制电流的方式，精确地控制电机的运动速度和运动方向。步进电机实物图如图 2-14 所示。

图 2-14 步进电机实物图

42 步进电机凭借其高精度定位、低噪声振动和高效节能等优势，在工业自动化领域展现出卓越的应用价值。该电机在数控机床、纺织机械、印刷设备、激光加工机和智能家居等设备中发挥着关键作用，能够实现精准的位置控制和稳定的运动性能。其结构简单、维护便捷的特点，配合先进的驱动控制系统，可确保长期可靠运行。在实际应用中，为充分发挥 42 步进电机的性能潜力，需要根据具体工况匹配适宜的驱动器和控制器，通过系统化设计实现运动控制精度、速度和可靠性的最优化，从而为各类机械设备提供高效精准的运动控制解决方案。

2.2.6 步进电机的应用

【例 2-5】 设计一个基于 STM32 的步进电机控制系统，使用 HAL 库实现以下功能：使用 TIM3 生成 PWM 脉冲（STEP 信号），控制步进电机驱动器；使用 PA1 作为 DIR 方向控制引脚，PA2 作为 ENABLE 使能引脚；将 PA0 配置为 TIM3_CH1 的复用功能（AF1），输出 PWM 信号。

```
#include "stm32f4xx_hal.h"

// 定义步进电机控制引脚
#define STEP_PIN     GPIO_PIN_0  // 例如 PA0
#define DIR_PIN      GPIO_PIN_1  // 例如 PA1
#define ENABLE_PIN   GPIO_PIN_2  // 例如 PA2
#define GPIO_PORT    GPIOA

TIM_HandleTypeDef htim3;

// 初始化函数
void SystemClock_Config(void);
static void MX_GPIO_Init(void);
static void MX_TIM3_Init(void);

int main(void) {
    HAL_Init();
    SystemClock_Config();
    MX_GPIO_Init();
    MX_TIM3_Init();

    // 使能电机驱动器
```

```
    HAL_GPIO_WritePin(GPIO_PORT, ENABLE_PIN, GPIO_PIN_RESET); // 根据驱动器要求设置

    // 设置方向
    HAL_GPIO_WritePin(GPIO_PORT, DIR_PIN, GPIO_PIN_SET); // 正方向

    // 启动 PWM
    HAL_TIM_PWM_Start(&htim3, TIM_CHANNEL_1);

    // 设置转速（通过改变 ARR 值调整频率）
    __HAL_TIM_SET_AUTORELOAD(&htim3, 1000); // 示例频率
    __HAL_TIM_SET_COMPARE(&htim3, TIM_CHANNEL_1, 500); // 50%占空比

    while (1) {
      // 在此可添加控制逻辑，例如通过按键或串口控制
    }
}

// TIM3 初始化（生成 PWM 脉冲）
void MX_TIM3_Init(void) {
    TIM_ClockConfigTypeDef sClockSourceConfig = {0};
    TIM_MasterConfigTypeDef sMasterConfig = {0};
    TIM_OC_InitTypeDef sConfigOC = {0};

    htim3.Instance = TIM3;
    htim3.Init.Prescaler = 48-1; // 48MHz/48 = 1MHz
    htim3.Init.CounterMode = TIM_COUNTERMODE_UP;
    htim3.Init.Period = 1000-1; // 初始频率 1MHz/1000 = 1kHz
    htim3.Init.ClockDivision = TIM_CLOCKDIVISION_DIV1;
    HAL_TIM_PWM_Init(&htim3);

    sClockSourceConfig.ClockSource = TIM_CLOCKSOURCE_INTERNAL;
    HAL_TIM_ConfigClockSource(&htim3, &sClockSourceConfig);

    sMasterConfig.MasterOutputTrigger = TIM_TRGO_RESET;
    sMasterConfig.MasterSlaveMode = TIM_MASTERSLAVEMODE_DISABLE;
    HAL_TIMEx_MasterConfigSynchronization(&htim3, &sMasterConfig);

    sConfigOC.OCMode = TIM_OCMODE_PWM1;
    sConfigOC.Pulse = 500;
    sConfigOC.OCPolarity = TIM_OCPOLARITY_HIGH;
    sConfigOC.OCFastMode = TIM_OCFAST_DISABLE;
    HAL_TIM_PWM_ConfigChannel(&htim3, &sConfigOC, TIM_CHANNEL_1);
}

// GPIO 初始化
void MX_GPIO_Init(void) {
    GPIO_InitTypeDef GPIO_InitStruct = {0};

    __HAL_RCC_GPIOA_CLK_ENABLE();
```

```
    // 配置 STEP（PWM 输出）、DIR、ENABLE 引脚
    GPIO_InitStruct.Pin = STEP_PIN | DIR_PIN | ENABLE_PIN;
    GPIO_InitStruct.Mode = GPIO_MODE_OUTPUT_PP;
    GPIO_InitStruct.Pull = GPIO_NOPULL;
    GPIO_InitStruct.Speed = GPIO_SPEED_FREQ_LOW;
    HAL_GPIO_Init(GPIO_PORT, &GPIO_InitStruct);

    // 特别注意：STEP 引脚需要重映射为 TIM3 通道 1
    // 需要根据实际硬件连接配置 AF 模式
    GPIO_InitStruct.Pin = STEP_PIN;
    GPIO_InitStruct.Mode = GPIO_MODE_AF_PP;
    GPIO_InitStruct.Pull = GPIO_NOPULL;
    GPIO_InitStruct.Speed = GPIO_SPEED_FREQ_HIGH;
    GPIO_InitStruct.Alternate = GPIO_AF1_TIM3;
    HAL_GPIO_Init(GPIO_PORT, &GPIO_InitStruct);
}
```

12V 以下的步进电机可用 Basra 驱动，12V 以上的步进电机需要用 Seahorse 扩展板才能驱动。

【例 2-6】 在 Arduino 中实现步进电机的驱动。

打开菜单栏的“File”→“Examples”→“Stepper”→“Stepper oneRevolution”，修改 Stepper myStepper()中步进电机的接口为实际接口，并在 setup()中增加步进电机的端口使能指令即可。使能指令如下：

```
// 初始化所有控制引脚
void setup() {
   pinMode(9, OUTPUT);   // 相位 A
   pinMode(10, OUTPUT);  // 相位 B
   pinMode(11, OUTPUT);  // 相位 C
   pinMode(12, OUTPUT);  // 相位 D
}

// 四相八拍驱动循环
void loop() {
   // 步序 1: A+D 导通
   digitalWrite(9, HIGH);
   digitalWrite(10, LOW);
   digitalWrite(11, LOW);
   digitalWrite(12, HIGH);
   delay(5);

   // 步序 2: D 导通
   digitalWrite(9, LOW);
   digitalWrite(10, LOW);
   digitalWrite(11, LOW);
   digitalWrite(12, HIGH);
   delay(5);

   // 后续步骤以此类推……
}
```

2.3　多种传感器功能与类型

传感器是单片机系统获取外部信息的检测单元，是接收现实世界信息的工具。它们如同系统的“感官”，将各种物理量、化学量、生物量等非电信号转换为电信号，为单片机系统提供感知外部环境的能力。根据传感器输出信号的类型，可将其分为数字量传感器和模拟量传感器。

2.3.1　数字量传感器

数字量传感器，只能返回 0 或 1，也就是高电平信号或者低电平信号，比较类似一个电源的开或关，所以也被称作开关量传感器。这类传感器通常是低电平触发，即触发时传感器会输出一个低电平信号；换句话说，传感器发出低电平信号时，主控板将这个信号标为 1，高电平时标为 0。这类传感器具有以下特点：

抗干扰能力强：数字信号不易受噪声干扰，传输距离较远。

接口简单：可直接与单片机的 I/O 口连接，无需额外的信号调理电路。

数据处理方便：单片机可直接读取和处理数字信号，简化了程序设计。

（1）红外传感器

红外传感器是通过发射和接收红外光来进行测量的传感器。红外传感器中包含一个红外线发射器，它会发出一束特定波长的红外线，这些红外线会照射在目标物体表面。部分红外线会被物体反射回传感器，传感器中的红外线接收器会接收反射回来的红外线。在接收器中，红外线会被转换为电信号并通过计算获得所需的数据。该传感器的特点如下：

① 红外传感器容易受到环境光线的干扰，比如正午的阳光、距离较近的日光灯等。

② 红外传感器可以根据需要检测的物体距离来调整传感器的检测距离，一般通过旋钮或螺栓来进行调节。

近红外传感器是一种主要用于近距离检测的红外传感器，其有效检测范围在 20cm 以内，并且其检测距离不可调节。近红外传感器如图 2-15 所示。图中：

① 固定孔，便于用螺栓将模块固定于机器人上。

② 四芯输入线接口，连接四芯输入线。

③ 近红外信号发射头，用于发射红外信号。

④ 近红外信号接收头，用于接收反射的红外信号。

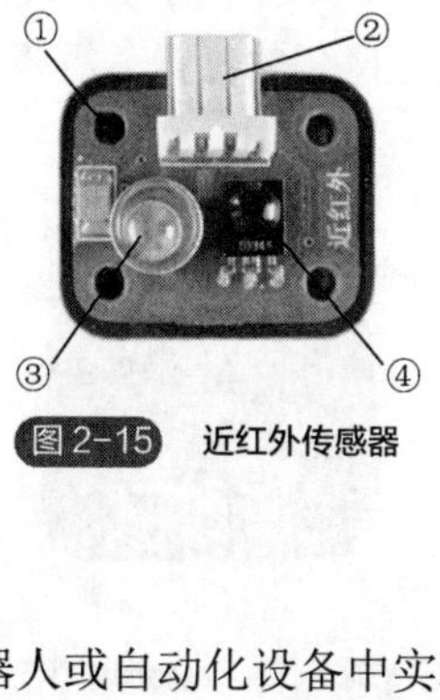

图 2-15　近红外传感器

（2）黑标/白标传感器

黑标/白标传感器是一种用于机器人或自动化设备中实现路径跟踪的传感器，其工作原理是基于光学反射原理（主要通过红外线传感技术实现）。循迹传感器通常包含红外线发射器和接收器。发射器不断发射红外线，当红外线照射到不同颜色的表面上时，反射光的强度会有所不同。黑色表面吸收光，反射光较少，而白色表面反射光较多。如果目标是在开阔空间，也没有红外线反射回来。接收器根据反射光的强度来判断目标当前的位置：如果反射光强度高（白标），输出高电平；如果反射光强度低（黑标），输出低电平。与近红外传感器相比较，黑标/白标传感器的红外线发射功率较小。

黑标/白标传感器的有效距离在0.7～3cm之间，工作电压为4.7～5.5V，工作电流为1.2mA。该传感器的特点如下：

① 对地面颜色要求较高，需黑白分明。

② 受环境光干扰较大，需在光线稳定的环境中使用。

③ 对复杂路径（如多颜色、渐变颜色）的适应性较差。

黑标/白标传感器如图2-16所示。图中：

① 固定孔，便于用螺栓将模块固定于机器人上。

② 四芯输入线接口 ，连接四芯输入线。

③ 一个红外线发射/接收管（蓝发黑收），可以发射红外线并接收反射的红外线。

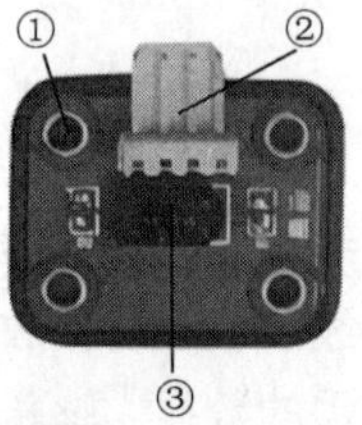

图2-16 黑标/白标传感器

使用注意事项：

传感器的安装位置应当贴近地面且与地面平行，使用前最好测试一下触发距离，这样才能更加灵敏并且有效地检测到信号。

（3）触碰传感器

触碰传感器是一种开关量传感器，可以检测物体对开关的有效触碰。其检测元件是一个微动开关（小行程限位开关），开关行程距离约2mm，接触式触发。触发触碰传感器后，该传感器会在其输出端触发后输出数字量0，即低电平信号，未触发时输出数字量1，即高电平信号。触碰传感器需要安装在机器人容易被触碰到的位置，需要触碰开关本身被物体碰到后才会被触发。触碰传感器如图2-17所示。图中：

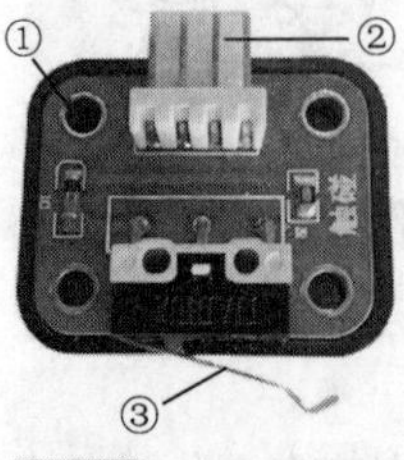

图2-17 触碰传感器

① 固定孔，便于用螺栓将模块固定于机器人上。

② 四芯输入线接口，连接四芯输入线。

③ 触碰开关，检测触碰。

（4）闪动传感器

闪动传感器是一种光敏传感器，可以检测到环境光线的突然变化，是一个开关量传感器，它的工作原理就是通过检测光线变化的动作，控制其输出接口输出不同的数字信号。即当它检测到光线明暗变化时，就会被触发，进而输出一个低电平；当光线无明显变化时，闪动传感器将不会被触发，即传感器将会一直以高电平输出。该传感器的特点如下：

① 对光源的亮度和距离有一定要求，过低的光强或过远的距离可能影响检测精度。

② 受环境光干扰较大，需在稳定的光照条件下使用。

闪动传感器如图 2-18 所示。图中：

① 固定孔，便于用螺栓将模块固定于机器人上。

② 四芯输入线接口，连接四芯输入线。

③ 光敏元件，检测光线强度。

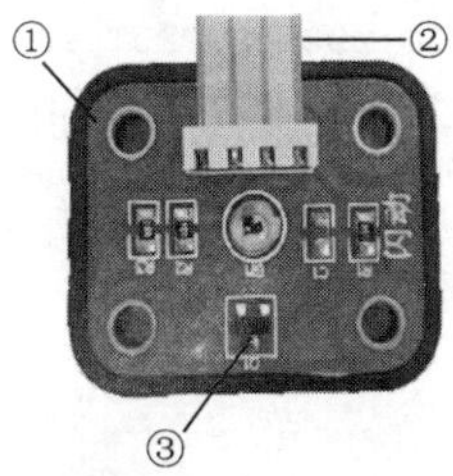

图 2-18　闪动传感器

（5）声控传感器

声控传感器可以检测周围环境的声音信号，声控元件是对振动敏感的物质。该传感器通过麦克风接收声音信号，并利用信号调理和处理技术分析声音的强度或频率，从而判断是否达到触发条件。有效检测范围在 50dB 以上。声控传感器的特点如下：

安装在较安静的机器人部位，如离电机较远的位置，最好有螺柱等与机器人本体隔离，否则特别容易被触发。

声控传感器如图 2-19 所示。图中：

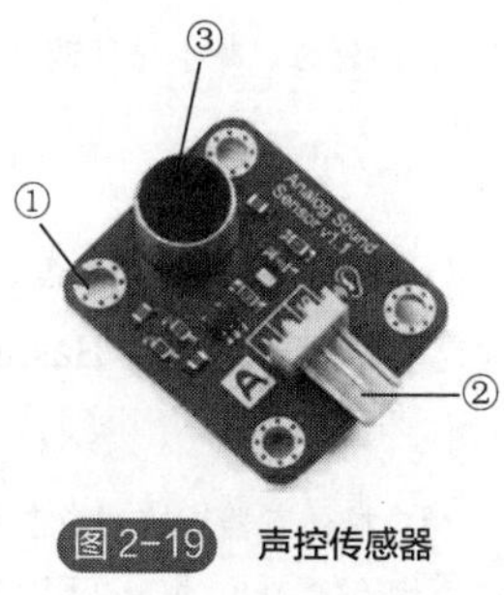

图 2-19　声控传感器

① 固定孔，便于用螺栓将模块固定于机器人上。

② 四芯输入线接口，连接四芯输入线。

③ 微型麦克风，用于检测声音。

2.3.2 数字量传感器的应用

【例 2-7】使用 STM32 微控制器和 1 路黑白标传感器设计一个简单的巡线检测系统，通过 LED 指示灯显示检测状态。黑白标传感器的信号线与 STM32 微控制器的 PA0 口连接，LED 灯与 PB0 口相连。

```
#include "stm32f4xx_hal.h"
void GPIO_Init(void)
{
    __HAL_RCC_GPIOA_CLK_ENABLE(); // 启用 GPIOA 时钟
    GPIO_InitTypeDef GPIO_InitStruct = {0};
    GPIO_InitStruct.Pin = GPIO_PIN_0; // 使用 PA0
    GPIO_InitStruct.Mode = GPIO_MODE_INPUT; // 设置为输入模式
    GPIO_InitStruct.Pull = GPIO_PULLUP; // 启用内部上拉电阻
    HAL_GPIO_Init(GPIOA, &GPIO_InitStruct); // 初始化 GPIOA 的 PA0
    GPIO_InitStruct.Pin = GPIO_PIN_0;
    GPIO_InitStruct.Mode = GPIO_MODE_OUTPUT_PP;
    GPIO_InitStruct.Pull = GPIO_NOPULL;
    GPIO_InitStruct.Speed = GPIO_SPEED_FREQ_LOW;
    HAL_GPIO_Init(GPIOB, &GPIO_InitStruct);
}
int main(void)
    {
    HAL_Init(); // 初始化 HAL 库
    GPIO_Init(); // 初始化 GPIO
    while (1)
        {
        if (HAL_GPIO_ReadPin(GPIOA, GPIO_PIN_0) == GPIO_PIN_SET)
            {
                HAL_GPIO_WritePin(GPIOB,GPIO_PIN_0,GPIO_PIN_SET); // LED 亮
            }


        else
            {
                HAL_GPIO_WritePin(GPIOB,GPIO_PIN_0,GPIO_PIN_RESET); // LED 灭
            }
         HAL_Delay(100); // 稍微延时以减小循环速度，避免过快检测造成的问题
        }
    }
```

【例 2-8】使用 Basra 微控制器和 1 路黑白标传感器设计一个简单的巡线检测系统，通过 LED 指示灯显示检测状态。黑白标传感器的信号线与 Basra 微控制器的数字引脚 2 连接，LED 灯与数字引脚 13 连接。

```
const int sensorPin = 2;    // 黑白标传感器连接的数字引脚 2
const int ledPin = 13;      // 使用 Arduino 板载 LED(数字引脚 13)
```

```
void setup()
    {
        Serial.begin(9600);// 初始化串口通信
        pinMode(sensorPin, INPUT); // 设置引脚模式
        pinMode(ledPin, OUTPUT);
        Serial.println("黑白标传感器巡线检测系统已启动");
    }
void loop()
    {
        int sensorState = digitalRead(sensorPin);// 读取传感器状态
        if (sensorState == LOW)
                {
                digitalWrite(ledPin, HIGH);// LED 亮
                Serial.println("状态：检测到黑线");
                }
        else
               {
               digitalWrite(ledPin, LOW);// LED 灭
               Serial.println("状态：未检测到黑线");
               }
    delay(100); // 短暂延时防止过于频繁检测
    }
```

2.3.3 模拟量传感器

与仅能检测 0 或 1 状态的数字量传感器不同，模拟量传感器可检测连续信号并输出连续数值。基于连续数值输出的特性，可设置更为灵活的触发条件。例如，对于检测范围为 0～1024 的模拟量传感器，可设定 0～100 范围内触发功能 1，100～500 范围内触发功能 2，500～1024 范围内触发功能 3。这种连续检测特性使得模拟量传感器具备更强大的功能扩展性。

（1）温湿度传感器

DHT11 数字温湿度传感器是一款具有已校准数字信号输出功能的温湿度复合传感器。传感器包括一个电阻式感湿元件和一个 NTC 测温元件。校准系数以程序的形式存储在 OTP 内存中，传感器内部在检测信号的处理过程中要调用这些校准系数。采用单线制串行接口，使系统集成变得简易快捷。该传感器如图 2-20 所示。

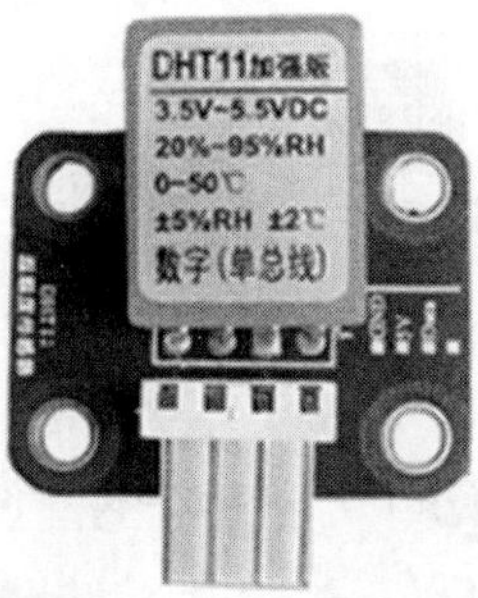

图 2-20 DHT11 温湿度传感器

传感器的中间引脚为 DATA，用于微处理器与 DHT11 之间的通信和同步，采用单总线数据

格式，一次通信时间 4ms 左右，数据分小数部分和整数部分，具体格式为 8bit 湿度整数数据+8bit 湿度小数数据+8bit 温度整数数据+8bit 温度小数数据+8bit 校验和。一次完整的数据传输为 40bit，高位先出。其数据传输时序图如图 2-21 所示。

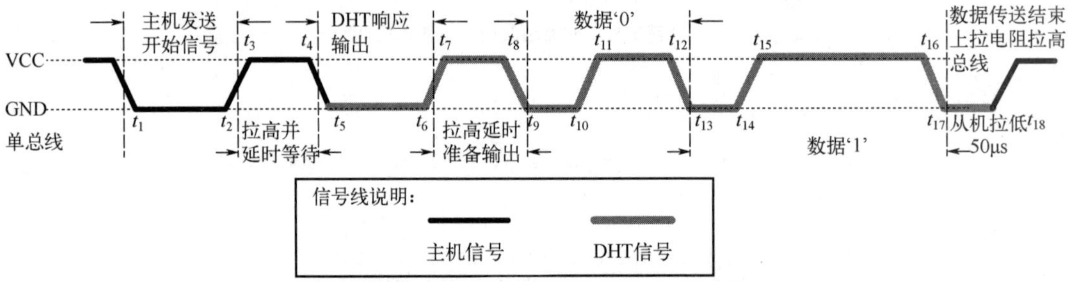

图 2-21 温湿度传感器 DHT11 数据传输时序图

① 起始阶段：主机主动发送至少 18ms（t_1–t_2）的低电平（开始信号），此时，主机为输出模式，保证 DHT11 能检测到开始信号；DHT11 检测到开始信号后，从低功耗模式转换为高速模式，拉高并延时等待 20～40μs（t_3–t_4），此时开始信号结束。

② 响应阶段：DHT11 检测到开始信号后，发送 80μs（t_5–t_6）的低电平响应（此时主机是输入模式，由 DHT11 向 MCU 发送），拉高延时 80μs（t_7–t_8）准备输出，此时响应结束，准备传输数据。

③ 数据传输阶段：每一 bit 数据都以 50μs 低电平（t_9–t_{10}）时隙开始，数据 0 和数据 1 的区别在于高电平的时间长短。数据 0：26～28μs 的高电平；数据 1：70μs 的高电平（即只要高电平的时间超过 30μs 就是传输数据 1，否则就是 0）。

（2）超声波测距传感器

超声波测距传感器通过发射超声波并接收其反射波来测量距离，传感器如图 2-22 所示。HC-SR04 是一种常用的超声波测距模块，其可提供 2～400cm 的非接触式距离感测功能，测距精度可达到 3mm。该模块集成了超声波发射器、接收器以及控制电路，使得测量过程更为便捷。其工作原理为：通过 I/O 口 TRIG 触发测距，只需提供最少 10μs 的高电平信号。随后，模块会自动发送 8 个 40kHz 的方波，并自动检测是否有信号返回。一旦有信号返回，I/O 口 ECHO 会输出一个高电平，其持续时间即代表了超声波从发射到返回的时间。根据该时间，可以计算出测量距离。HC-SR04 传感器的数据传输时序图如图 2-23 所示。

图 2-22 HC-SR04 超声波测距传感器

（3）颜色识别传感器

通常人眼看到的物体颜色，本质上是物体表面吸收了照射在其上面的白光中的一部分有色成分，而反射出的另一部分有色光在人眼中的反映。白光是由各种频率的可见光混合在一起构成的，也就是说，白光中包含着各种颜色的色光。根据三原色理论，各种颜色是由不同比例的三原色（红、绿、蓝）混合而成的。为了实现颜色识别，设置三个光电二极管，分别覆盖三个经过修正的红、绿、蓝滤波器，然后对输出信号进行处理。

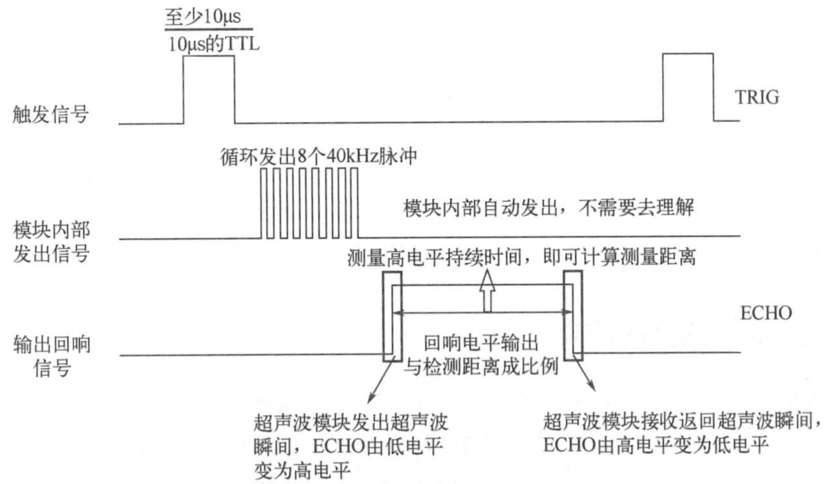

图2-23 HC-SR04 超声波测距传感器数据传输时序图

TCS3200 是一款常用的颜色识别传感器，由 TAOS 公司推出。其工作原理为：当选定一个颜色的滤波器时，TCS3200 只允许某种特定的原色通过，阻止其他原色通过，然后获得允许通过的光的强度。以这种方式，TCS3200 可以分别获得红、绿、蓝光的强度，通过这三个光强值，就可以分析出反射到 TCS3200 传感器上的光的颜色。

TCS3200 包括了一块 TAOS TCS3200RGB 感应芯片和 4 个白光 LED 灯，采用 8 引脚的 SOIC 表面贴装式封装，在单一芯片上集成有 64 个光电二极管，这些二极管分为四种类型，红、绿、蓝滤波器各有 16 个光电二极管；另外 16 个不带滤波器，可以透过所有光。这些光电二极管交叉排列，相同颜色的二极管并联连接、均匀分布。TCS3200 能在一定范围内检测和测量几乎所有的可见光，适用于色度计测量应用领域。

TCS3200 传感器的引脚如图 2-24 所示。

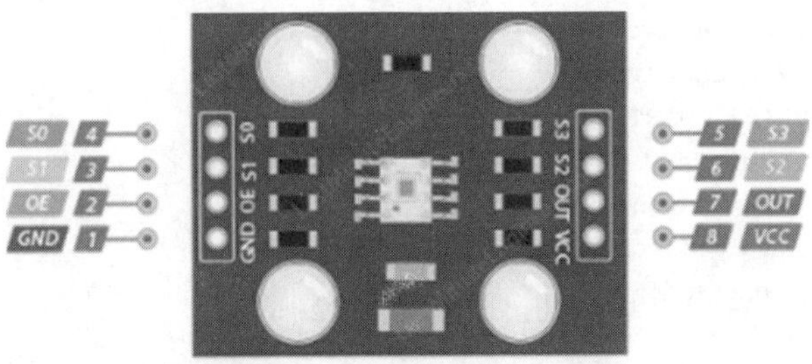

图2-24 TCS3200 传感器的引脚图

TCS3200 有四种滤波器类型：红、绿、蓝和清除全部光信息。当入射光投射到传感器上时，通过光电二极管控制引脚 S2、S3 的电平组合，可以选通不同的滤波器，如表 2-6 所示。

表 2-6 二极管控制引脚电平组合与滤波器类型的关系

S2	S3	滤波器类型
L	L	红色
L	H	蓝色
H	L	无
H	H	绿色

TCS3200 传感器检测颜色的流程如下：

① 将白色的纸放置在传感器的上方 1cm 处，给 LED 端口接入高电平，使四个高亮白色 LED 发光。

② 程序依次选通 R、G、B 滤波器，分别测得红色、绿色和蓝色的值。

③ 计算出需要的三个调整参数，并自动调整白平衡。

2.3.4 模拟量传感器的应用

【例 2-9】设计一个基于 STM32 的温湿度监测系统，使用 DHT11 传感器采集环境温湿度数据，并通过串口输出到上位机上显示。DHT11 传感器的数据线与 STM32 微控制器的 PA0 口连接。

```
#include "stm32f4xx_hal.h"
#include <stdio.h>

// 定义引脚
#define DHT11_PIN GPIO_PIN_0
#define DHT11_PORT GPIOA
#define LED_PIN GPIO_PIN_13
#define LED_PORT GPIOC

// 全局变量
UART_HandleTypeDef huart1;
uint8_t temperature = 0;
uint8_t humidity = 0;
char uart_buf[50];

// 函数声明
void SystemClock_Config(void);
static void MX_GPIO_Init(void);
static void MX_USART1_UART_Init(void);
void DHT11_Start(void);
uint8_t DHT11_Check_Response(void);
uint8_t DHT11_Read_Byte(void);
void DHT11_Read_Data(void);

int main(void)
{
    HAL_Init();
    SystemClock_Config();
    MX_GPIO_Init();
```

```
        MX_USART1_UART_Init();

        while (1)
        {
            DHT11_Read_Data();

            // 通过串口输出数据
            sprintf(uart_buf, "温度: %d℃, 湿度: %d%%\r\n", temperature, humidity);
            HAL_UART_Transmit(&huart1,  (uint8_t  *)uart_buf,  strlen(uart_buf),
HAL_MAX_DELAY);

            // 温度超过 30℃报警
            if(temperature > 30)
                HAL_GPIO_WritePin(LED_PORT, LED_PIN, GPIO_PIN_SET);
            else
                HAL_GPIO_WritePin(LED_PORT, LED_PIN, GPIO_PIN_RESET);

            HAL_Delay(2000); // 2s 采集一次
        }
    }

    // DHT11 启动信号
    void DHT11_Start(void)
    {
        GPIO_InitTypeDef GPIO_InitStruct = {0};

        // 设置 PA0 为输出模式
        GPIO_InitStruct.Pin = DHT11_PIN;
        GPIO_InitStruct.Mode = GPIO_MODE_OUTPUT_PP;
        GPIO_InitStruct.Pull = GPIO_NOPULL;
        GPIO_InitStruct.Speed = GPIO_SPEED_FREQ_HIGH;
        HAL_GPIO_Init(DHT11_PORT, &GPIO_InitStruct);

        // 主机拉低至少 18ms
        HAL_GPIO_WritePin(DHT11_PORT, DHT11_PIN, GPIO_PIN_RESET);
        HAL_Delay(20);

        // 主机拉高 20～40μs
        HAL_GPIO_WritePin(DHT11_PORT, DHT11_PIN, GPIO_PIN_SET);
        HAL_DelayMicroseconds(30);

        // 设置为输入模式等待响应
        GPIO_InitStruct.Mode = GPIO_MODE_INPUT;
        GPIO_InitStruct.Pull = GPIO_PULLUP;
        HAL_GPIO_Init(DHT11_PORT, &GPIO_InitStruct);
    }

    // 检查 DHT11 响应
    uint8_t DHT11_Check_Response(void)
    {
        uint8_t response = 0;
```

```
    uint32_t timeout = 10000; // 超时计数器

    // 等待 DHT11 拉低(约 80μs)
    while(HAL_GPIO_ReadPin(DHT11_PORT, DHT11_PIN) == GPIO_PIN_SET && timeout--);
    if(timeout == 0) return 0;

    timeout = 10000;
    // 等待 DHT11 拉高(约 80μs)
    while(HAL_GPIO_ReadPin(DHT11_PORT, DHT11_PIN) == GPIO_PIN_RESET && timeout--);
    if(timeout == 0) return 0;
    return 1;
}

// 读取一个字节数据
uint8_t DHT11_Read_Byte(void)
{
    uint8_t data = 0;

    for(int i=0; i<8; i++)
    {
        // 等待 50μs 低电平开始位结束
        while(HAL_GPIO_ReadPin(DHT11_PORT, DHT11_PIN) == GPIO_PIN_RESET);

        // 延时 30μs 判断高电平持续时间
        HAL_DelayMicroseconds(30);

        // 判断高电平持续时间
        if(HAL_GPIO_ReadPin(DHT11_PORT, DHT11_PIN) == GPIO_PIN_SET)
          data |= (1 << (7-i));

        // 等待高电平结束
        while(HAL_GPIO_ReadPin(DHT11_PORT, DHT11_PIN) == GPIO_PIN_SET);
    }
    return data;
}

// 读取温湿度数据
void DHT11_Read_Data(void)
{
    uint8_t checksum;
    uint8_t data[5];

    DHT11_Start();
    if(DHT11_Check_Response())
    {
        data[0] = DHT11_Read_Byte(); // 湿度整数
        data[1] = DHT11_Read_Byte(); // 湿度小数
        data[2] = DHT11_Read_Byte(); // 温度整数
        data[3] = DHT11_Read_Byte(); // 温度小数
        data[4] = DHT11_Read_Byte(); // 校验和
```

```
            checksum = data[0] + data[1] + data[2] + data[3];
            if(checksum == data[4])
            {
                humidity = data[0];
                temperature = data[2];
            }
        }
}

// 系统时钟配置
void SystemClock_Config(void)
{
    RCC_OscInitTypeDef RCC_OscInitStruct = {0};
    RCC_ClkInitTypeDef RCC_ClkInitStruct = {0};

    // 设置内部 MSI 振荡器
    RCC_OscInitStruct.OscillatorType = RCC_OSCILLATORTYPE_MSI;
    RCC_OscInitStruct.MSIState = RCC_MSI_ON;
    RCC_OscInitStruct.MSICalibrationValue = 0;
    RCC_OscInitStruct.MSIClockRange = RCC_MSIRANGE_5;
    RCC_OscInitStruct.PLL.PLLState = RCC_PLL_NONE;
}

// GPIO 初始化
static void MX_GPIO_Init(void)
{
    GPIO_InitTypeDef GPIO_InitStruct = {0};

    __HAL_RCC_GPIOA_CLK_ENABLE();
    __HAL_RCC_GPIOC_CLK_ENABLE();

    // 板载 LED(PC13)
    GPIO_InitStruct.Pin = LED_PIN;
    GPIO_InitStruct.Mode = GPIO_MODE_OUTPUT_PP;
    GPIO_InitStruct.Pull = GPIO_NOPULL;
    GPIO_InitStruct.Speed = GPIO_SPEED_FREQ_LOW;
    HAL_GPIO_Init(LED_PORT, &GPIO_InitStruct);

    // USART1 TX(PA9)
    GPIO_InitStruct.Pin = GPIO_PIN_9;
    GPIO_InitStruct.Mode = GPIO_MODE_AF_PP;
    GPIO_InitStruct.Pull = GPIO_NOPULL;
    GPIO_InitStruct.Speed = GPIO_SPEED_FREQ_HIGH;
    GPIO_InitStruct.Alternate = GPIO_AF1_USART1;
    HAL_GPIO_Init(GPIOA, &GPIO_InitStruct);
}

// USART1 初始化
static void MX_USART1_UART_Init(void)
{
    huart1.Instance = USART1;
```

```
        huart1.Init.BaudRate = 9600;
        huart1.Init.WordLength = UART_WORDLENGTH_8B;
        huart1.Init.StopBits = UART_STOPBITS_1;
        huart1.Init.Parity = UART_PARITY_NONE;
        huart1.Init.Mode = UART_MODE_TX;
        huart1.Init.HwFlowCtl = UART_HWCONTROL_NONE;
        huart1.Init.OverSampling = UART_OVERSAMPLING_16;
    }
```

【例 2-10】选用 Basra 微控制器与 DHT11 温湿度传感器设计一个温湿度测量系统。DHT11 的 DATA 引脚连接到 Basra 的数字引脚（比如数字引脚 2）。如果还没有安装 DHT 库，可以通过 Arduino IDE 的库管理器进行安装。打开 Arduino IDE，依次点击“工具”→“管理库”，在搜索栏中输入“DHT”，选择并安装“DHT sensor library”。

```
    #include <DHT.h>
    #include <DHT_U.h>
    #define DHTPIN 2      // 连接 DHT11 的数字引脚
    #define DHTTYPE DHT11   // 使用 DHT11 传感器
    DHT dht(DHTPIN, DHTTYPE);
    void setup()
     {
            Serial.begin(9600);
            dht.begin();
    }
    void loop()
    {
        delay(2000); //采样延时，每次抓取数据时间间隔 1～2s
        float h = dht.readHumidity();//读取湿度
        float t = dht.readTemperature();//读取摄氏度
        float f = dht.readTemperature(true);//读取华氏度
        if (isnan(h) || isnan(t) || isnan(f))
            {
                Serial.println("Failed to read from DHT sensor!");
                return;
            } //检查抓取是否成功
        float hic = dht.computeHeatIndex(t, h, false);//用摄氏度计算酷热指数，设摄氏度参数
为 false
        float hif = dht.computeHeatIndex(f, h);//用华氏度计算酷热指数
        Serial.print("Humidity: ");
        Serial.print(h);
        Serial.print(" %\t");
        Serial.print("Temperature: ");
        Serial.print(t);
        Serial.print(" *C ");
        Serial.print(f);
        Serial.print(" *F\t");
        Serial.print("Heat index: ");
        Serial.print(hic);
        Serial.print(" *C ");
        Serial.print(hif);
        Serial.println(" *F");
    }
```

【例 2-11】基于 STM32 微控制器和 HC-SR04 超声波测距传感器设计一个距离测量系统，系统能够周期性地测量前方物体的距离，并将结果以厘米为单位通过串口输出。HC-SR04 传感器的 TRIG 与微控制器的 PA0 口连接，HC-SR04 传感器的 ECHO 与微控制器的 PA1 口连接。

```
#include "stm32f4xx.h"
#include <stdio.h>

#define TRIG_PIN GPIO_PIN_0
#define ECHO_PIN GPIO_PIN_1
#define GPIO_PORT GPIOA

volatile uint32_t start_time = 0;
volatile uint32_t end_time = 0;
volatile uint8_t measurement_done = 0;

void GPIO_Init(void);
void TIM_Init(void);
void USART_Init(void);
void USART_SendString(USART_TypeDef* USARTx, char* str);
void delay_us(uint16_t us);

int main(void)
{
     char buffer[50];
     float distance_cm;
     uint32_t pulse_width;

     // 初始化外设
     GPIO_Init();
     TIM_Init();
     USART_Init();

     USART_SendString(USART1, "STM32F4 Ultrasonic Distance Measurement System\r\n");

     while(1)
     {
          // 发送 10μs 的触发脉冲
          HAL_GPIO_WritePin(GPIO_PORT, TRIG_PIN, GPIO_PIN_SET);
          delay_us(10);
          HAL_GPIO_WritePin(GPIO_PORT, TRIG_PIN, GPIO_PIN_RESET);

          // 等待回波信号
          while(HAL_GPIO_ReadPin(GPIO_PORT, ECHO_PIN) == GPIO_PIN_RESET);
          start_time = TIM2->CNT;

          while(HAL_GPIO_ReadPin(GPIO_PORT, ECHO_PIN) == GPIO_PIN_SET);
          end_time = TIM2->CNT;

          // 计算脉冲宽度(μs)
          if(end_time > start_time)
               pulse_width = end_time - start_time;
```

```
        else
            pulse_width = (0xFFFFFFFF - start_time) + end_time;

        // 计算距离(cm) 声速 340m/s = 0.034cm/μs
        distance_cm = pulse_width * 0.034 / 2;

        // 通过串口发送结果
        sprintf(buffer, "Distance: %.2f cm\r\n", distance_cm);
        USART_SendString(USART1, buffer);

        // 延时 500ms
        HAL_Delay(500);
    }
}

void GPIO_Init(void)
{
    __HAL_RCC_GPIOA_CLK_ENABLE();

    GPIO_InitTypeDef GPIO_InitStruct;

    // 配置 TRIG 引脚为输出
    GPIO_InitStruct.Pin = TRIG_PIN;
    GPIO_InitStruct.Mode = GPIO_MODE_OUTPUT_PP;
    GPIO_InitStruct.Pull = GPIO_NOPULL;
    GPIO_InitStruct.Speed = GPIO_SPEED_FREQ_HIGH;
    HAL_GPIO_Init(GPIO_PORT, &GPIO_InitStruct);

    // 配置 ECHO 引脚为输入
    GPIO_InitStruct.Pin = ECHO_PIN;
    GPIO_InitStruct.Mode = GPIO_MODE_INPUT;
    GPIO_InitStruct.Pull = GPIO_NOPULL;
    HAL_GPIO_Init(GPIO_PORT, &GPIO_InitStruct);
}

void TIM_Init(void)
{
    __HAL_RCC_TIM2_CLK_ENABLE();

    TIM_HandleTypeDef htim2;

    htim2.Instance = TIM2;
    htim2.Init.Prescaler = 48-1; // 48MHz/48 = 1MHz (1us)
    htim2.Init.CounterMode = TIM_COUNTERMODE_UP;
    htim2.Init.Period = 0xFFFFFFFF;
    htim2.Init.ClockDivision = TIM_CLOCKDIVISION_DIV1;
    HAL_TIM_Base_Init(&htim2);
    HAL_TIM_Base_Start(&htim2);
}

void USART_Init(void)
```

```
{
    __HAL_RCC_USART1_CLK_ENABLE();

    USART_HandleTypeDef husart1;

    husart1.Instance = USART1;
    husart1.Init.BaudRate = 9600;
    husart1.Init.WordLength = USART_WORDLENGTH_8B;
    husart1.Init.StopBits = USART_STOPBITS_1;
    husart1.Init.Parity = USART_PARITY_NONE;
    husart1.Init.Mode = USART_MODE_TX;
    husart1.Init.HwFlowCtl = UART_HWCONTROL_NONE;
    husart1.Init.OverSampling = UART_OVERSAMPLING_16;
    HAL_USART_Init(&husart1);
}

void USART_SendString(USART_TypeDef* USARTx, char* str)
{
    while(*str)
    {
        while(!(USARTx->ISR & USART_ISR_TXE));
        USARTx->TDR = (*str & 0xFF);
        str++;
    }
}

void delay_us(uint16_t us)
{
    uint32_t start = TIM2->CNT;
    while((TIM2->CNT - start) < us);
}
```

【例2-12】选用Basra微控制器和HC-SR04传感器设计一个测距系统。HC-SR04的TRIG接Arduino Nano的D2，HC-SR04的ECHO接Arduino Nano的D3。

```
#define ECHOPIN  3
#define TRIGPIN  2
void setup
Serial.begin(9600);
pinMode(ECHOPIN,INPUT);
pinMode(TRIGPIN,OUTPUT);
void loop
{
    digitalWrite(TRIGPIN,LOW);
    delayMicroseconds(2);
    digitalWrite(TRIGPIN,HIGH);
    delayMicroseconds(10);
    digitalWrite(TRIGPIN,LOW);
    float distance=pulseIn(ECHOPIN,HIGH);
    distance distance/58;
    Serial.println(distance);
    delay(500);
}
```

本章小结

本章详细说明了 Basra 和 MCU-F4 两种主控板的特点及其在电机控制与传感器应用中的编程方法。在电机部分，重点讲解了直流电机、舵机和步进电机的工作原理，并通过实例演示了如何利用两种主控板实现对电机的驱动与控制，包括 PWM 调速、角度控制及精准步进运动。在传感器部分，分别对数字量传感器（如黑白标传感器、近红外传感器和触碰传感器）和模拟量传感器（如温湿度传感器、超声波测距传感器和颜色识别传感器）的原理及信号处理方式进行了分析，并结合主控板给出了具体的采集与数据处理代码示例。通过本章学习，读者能够掌握电机与传感器的硬件连接方法及软件编程技巧，为后续机器人或自动化系统的开发奠定实践基础。

思考题

2-1 在 STM32 上实现直流电机的双向调速时，为什么 PWM 频率不宜过低或过高？如何选择合适的频率（如 10～20kHz）？H 桥驱动电路中，为何需要“死区时间”（dead time）？如何通过 STM32 定时器配置实现？

2-2 某移动机器人需同时控制 1 个直流电机、2 个舵机和 1 个步进电机，基于 STM32F4 设计的控制方案如何分配有限的定时器资源（如 TIM1～TIM4）？若所有电机需同步控制，如何避免中断冲突？

2-3 在机器人避障系统中，近红外传感器和黑白标传感器均可用于检测障碍物，但适用场景不同。请从检测原理差异（主动/被动、光学特性依赖）、环境适应性（如光照干扰、目标表面材质的影响）、典型应用场景（各适合什么任务）三个方面对比两个传感器。

2-4 设计一个基于 STM32F407 的智能环境监测系统，需要同时采集以下传感器数据：DHT11（温湿度，数字单总线）、MQ-135（空气质量，模拟量输出）、BH1750（光照强度，I^2C 接口）、HC-SR04（超声波测距，数字脉冲）。如何为这些传感器分配 STM32F407 的引脚资源？需说明每个传感器的接口类型（GPIO/ADC/I^2C/TIM 等）及配置要点。若所有传感器需同时工作，如何避免 I^2C 总线冲突？在软件设计中如何通过定时器触发多传感器数据的同步采集？给出程序框架（伪代码即可）。若 DHT11 的时序要求严格（微秒级延时），如何避免其阻塞其他传感器的数据读取？

本书配套资源

第3章

移动机器人系统构建

本章知识导图

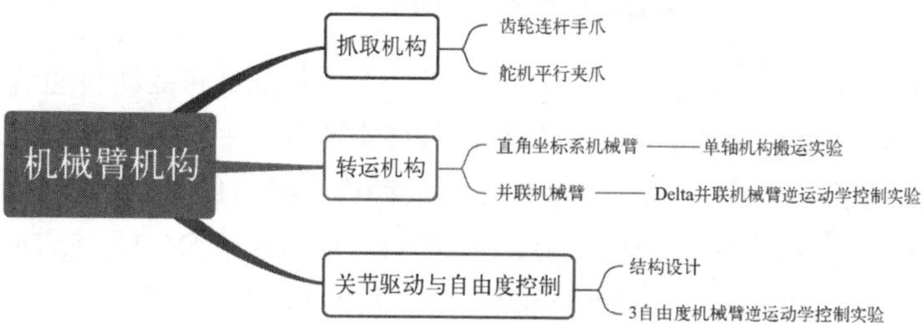

本章学习目标

【知识目标】

1. 理解抓取机构在移动机器人系统中的作用和基本功能。
2. 掌握齿轮连杆手爪的结构原理、工作方式及其适用场景。
3. 了解不同类型夹持器的材料、传动方式及控制方法。

【能力目标】

1. 能够根据任务需求选择合适的抓取机构类型。
2. 能对齿轮连杆手爪进行结构拆解与组装。
3. 具备初步设计与改进夹持机构的能力，包括结构参数调整与传动优化。

【素养目标】

1. 培养学生严谨的工程思维和创新意识，鼓励学生动手实践与结构创新。
2. 培养团队协作意识，能在小组中共同完成抓取机构的设计与调试。
3. 激发对机器人仿生抓取技术的兴趣，增强系统构建的工程伦理意识。

3.1 抓取机构

3.1.1 齿轮连杆手爪

机械手爪的主要运动形式是“指尖”部位的相对运动，凡是能实现相对运动的机构，都有改造为机械手爪的潜力。图 3-1 为一个齿轮连杆平动机械手爪机构。

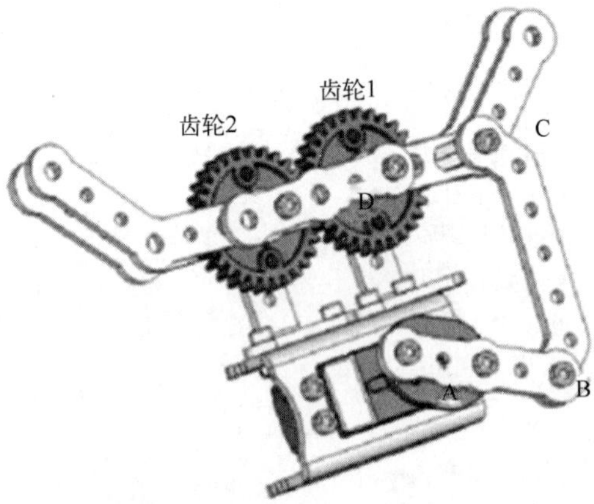

图 3-1 齿轮连杆平动机械手爪机构

齿轮连杆组机械手爪：由伺服电机驱动，通过一个曲柄摆杆将运动传递给其中一个手指，再通过一个等速齿轮将运动传递给另一个齿轮，最终实现两个手指的相对运动。ABCD 组成一个曲柄摆杆，A 点是舵机的转动中心，AB 杆作为驱动杆，AD 杆作为机架，BC 杆作为传动杆，DC 杆作为随动杆，舵机转动驱动 AB 杆通过 BC 杆将运动传递给 DC 杆，使 DC 杆的手指转动，DC 杆上有一个齿轮 1，通过齿轮传动带动齿轮 2 相对转动，带动齿轮 2 上的机械手指转动，实现机械手指的相对运动。

齿轮连杆平动机械手爪夹持器模块需准备：2 个直流电机支架，1 个标准舵机支架，1 个标准舵机，2 个齿轮，4 个机械手指，1 个输出头，2 个机械手（40mm），1 个双足连杆，若干螺栓、螺母、螺柱等零件。组装夹持器步骤参考示例如下：

第一步（图 3-2）：选择 2 个直流电机支架、1 个标准舵机支架，用 4 个 8mm 螺栓、4 个螺母将 3 个零件固定。

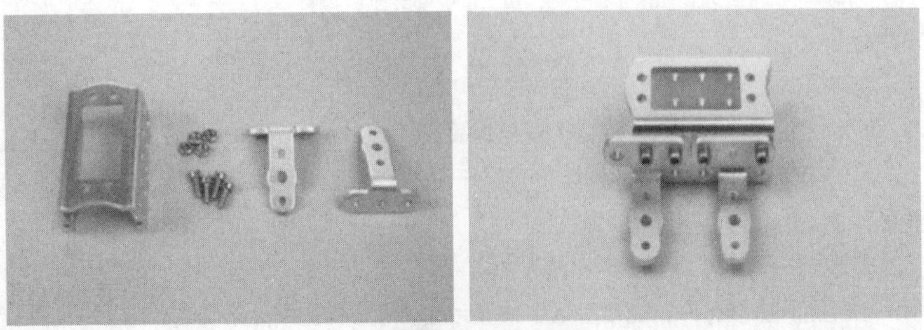

图 3-2 第一步

第二步（图 3-3）：找到 1 个标准舵机，用 4 个 8mm 螺栓和 4 个螺母将舵机固定到标准舵机支架上。

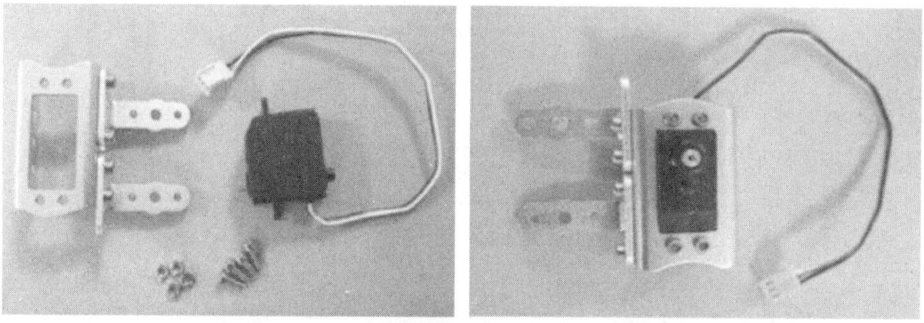

图 3-3　第二步

第三步（图 3-4）：找到 1 个 40mm 机械手和 1 个输出头；先用 1 个 F206 螺钉将输出头固定在标准舵机上，再用 2 个 8mm 螺栓和 2 个螺母将 40mm 机械手固定在输出头上。

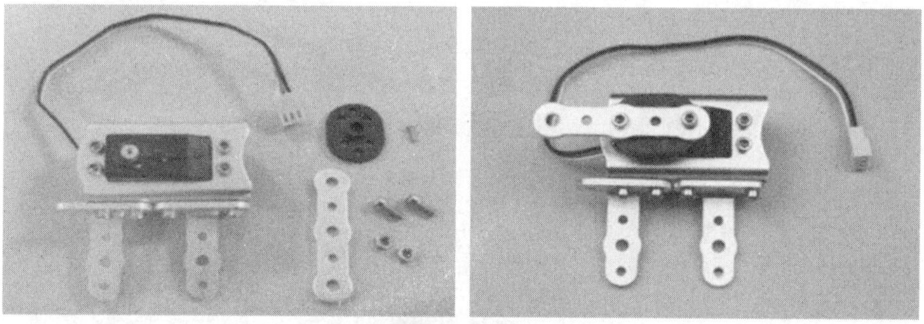

图 3-4　第三步

第四步（图 3-5）：找到 1 个双足连杆、1 个 8mm 螺栓、1 个螺母和一个 5.3mm 轴套，将轴套套在 8mm 螺栓上。

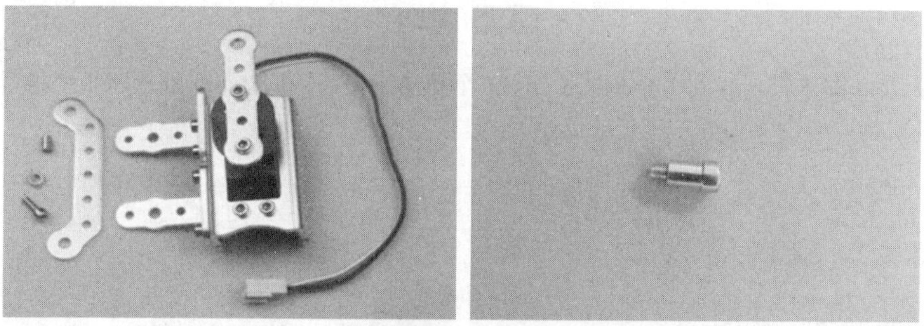

图 3-5　第四步

第五步（图 3-6）：将双足连杆安装到如图 3-6 所示位置。

第六步（图 3-7）：找到 2 个机械手指、1 个随动齿轮、1 个 16mm 螺栓和 1 个螺母，并如图 3-7 所示安装。

第七步（图 3-8）：找到 1 个机械手指、1 个 8mm 螺栓和 1 个 15mm 螺柱，如图 3-8 所示安装。

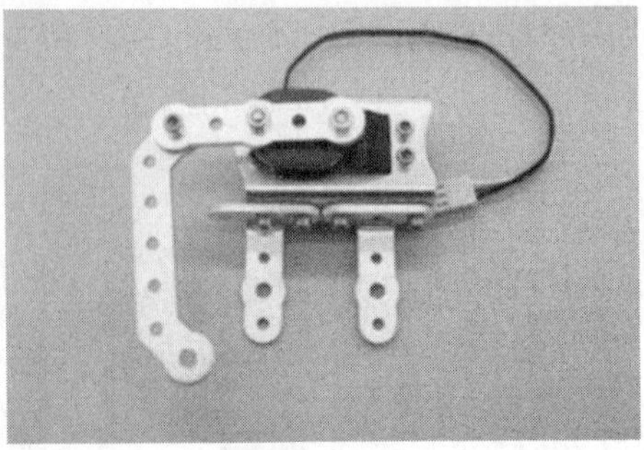

图 3-6　第五步

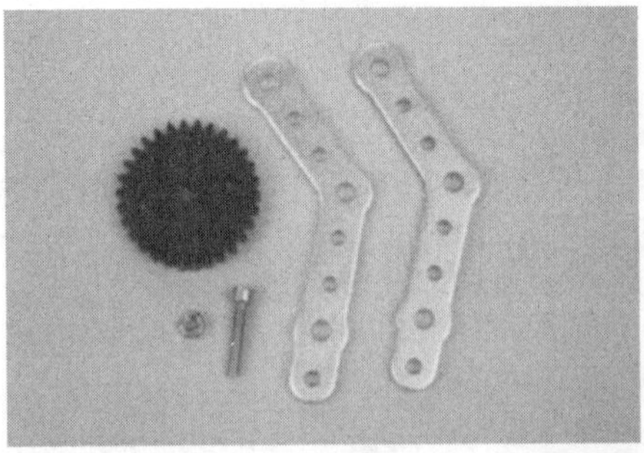

图 3-7　第六步

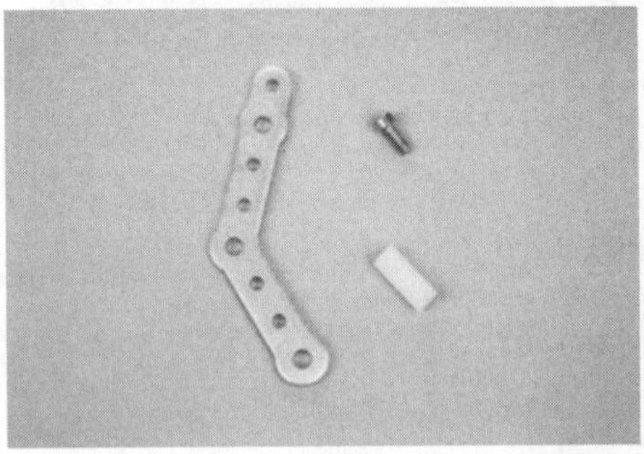

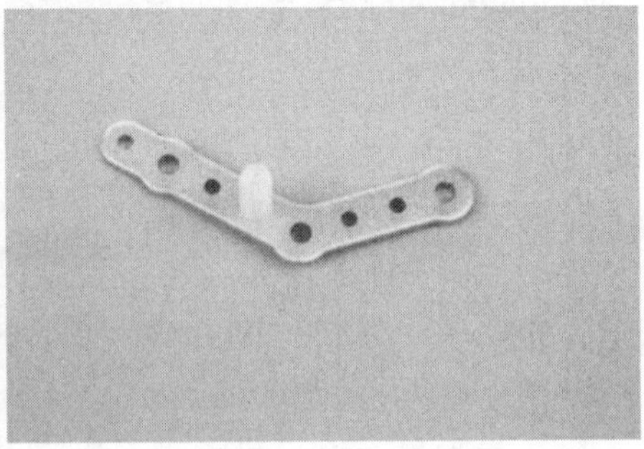

图 3-8　第七步

第八步（图 3-9）：找到 1 个机械手指、1 个随动齿轮、1 个 16mm 螺栓和 1 个螺母，如图 3-9 所示安装。

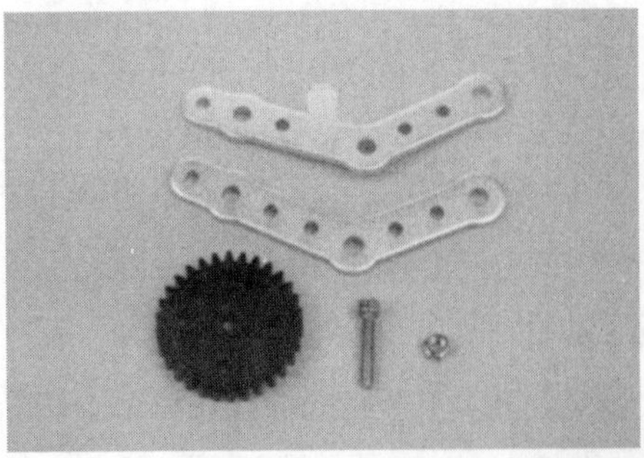

图 3-9　第八步

第九步（图 3-10）：在安装的 2 个机械手上按如图 3-10 所示分别安装 1 个 10.4mm 轴套。

图 3-10　第九步

第十步（图 3-11）：找到 1 个 40mm 机械手，2 个 5.3mm 轴套，4 个薄垫片，2 个 25mm 螺栓，如图 3-11 所示放置。

第十一步（图 3-12）：用螺母将第五步、第九步、第十步组装完成的零件进行组装。

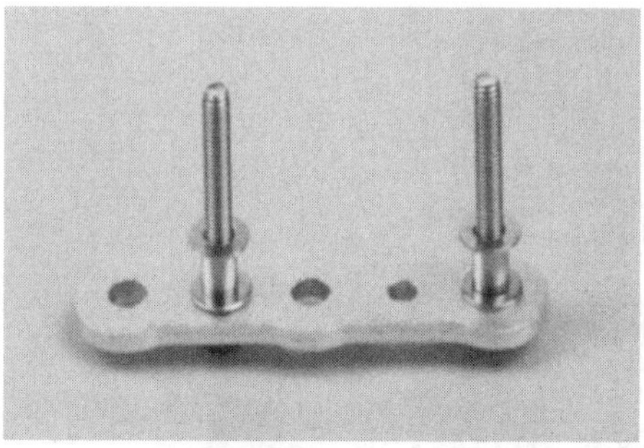

图 3-11　第十步

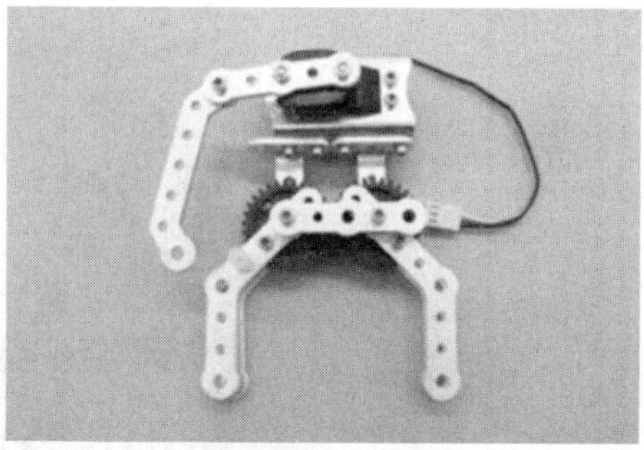

图 3-12　第十一步

第十二步（图 3-13）：找到 1 个 8mm 螺栓、1 个 2.7mm 轴套，将轴套套在螺栓上。

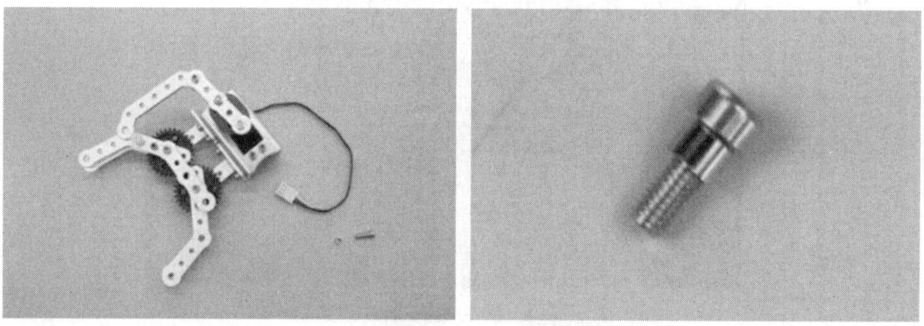

图 3-13　第十二步

第十三步(图 3-14)：用第十二步安装的螺栓和轴套将双足连杆和 15mm 螺柱进行如图 3-14 所示安装，完成齿轮连杆平动机械手爪的安装。

齿轮连杆平动机械手爪是一种常见的机械夹持机构，其特点是结构稳定、传动同步、能够实现末端夹持器的平动或近似平动运动。它广泛应用于工业自动化、物流搬运、精密装配等多个工程领域。以下是几个典型的实际应用案例：工业机器人抓取系统（图 3-15）、PCB/电子元件装配线（图 3-16）、物流与包装系统等。

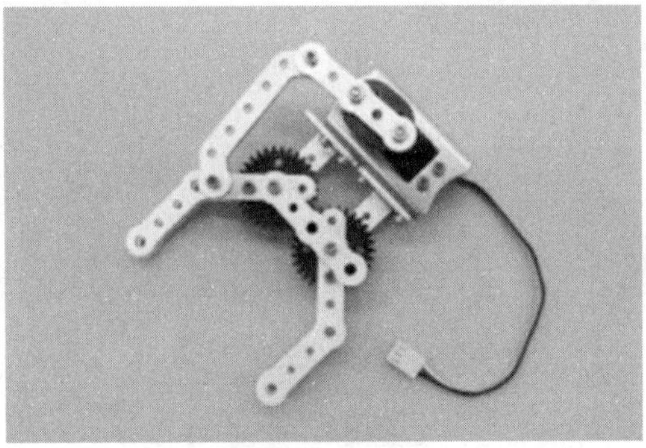

图 3-14　第十三步

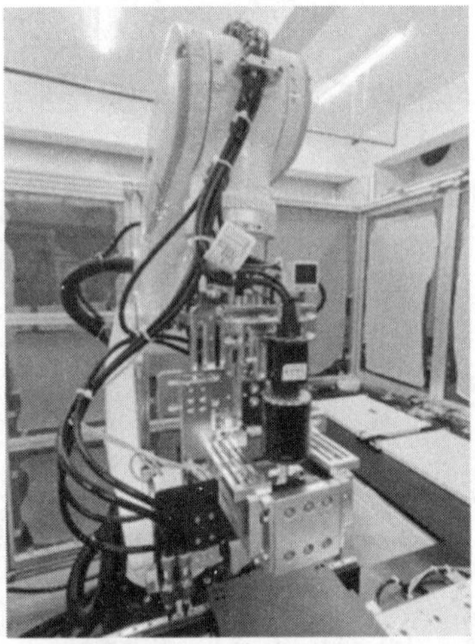

图 3-15　工业机器人抓取系统

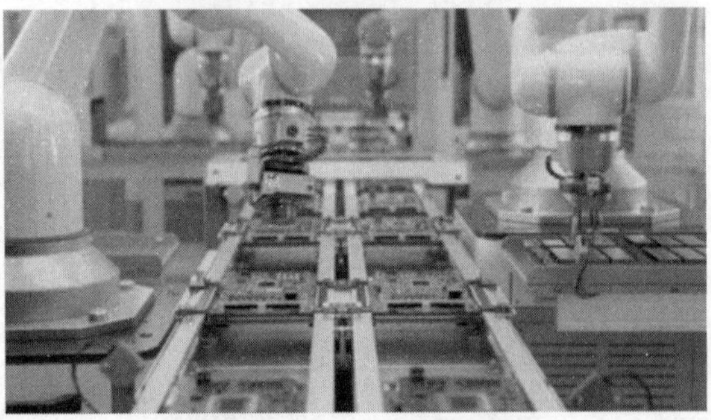

图 3-16　PCB/电子元件装配线

3.1.2　舵机平行夹爪

舵机平行夹爪的主要运动形式是平动夹持，即两个夹爪沿平行路径相对运动，实现对物体的夹紧或释放。两爪沿着对称路径向中间靠拢（闭合）或远离（张开），每个夹爪的末端沿着一条直线移动，而不是绕某个点旋转。其适合抓取形状规则或中等大小的物体，抓取过程稳定、对物体损伤小。

参照图 3-17 设计一个舵机平行夹爪机构。

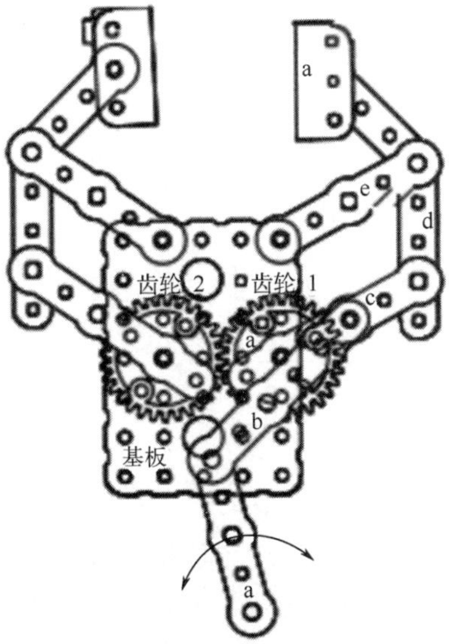

图 3-17 舵机平行夹爪机构

机构原理：这是一个结合了四连杆机构与齿轮传动系统的综合机械结构设计。其中，a 杆作为驱动杆，在外力作用下进行往复摆动；b 杆通过与 a 杆的铰接，将运动传递给 c 杆，c 杆的支点与 a 杆的固定点共同构成机构的基座，三者（a、b、c 杆）与地面形成一个典型的四连杆机构。d 杆作为最终的输出杆，其运动由 c 杆驱动，为确保 d 杆在运动过程中始终保持垂直向上，设置了 e 杆作为支撑导向结构，对 d 杆进行位置约束。此外，齿轮传动机构巧妙地将左右两侧的四连杆机构进行耦合与镜像：齿轮 1 与 b 杆同轴固定，因此 b 杆的运动将同步传递至齿轮 1；齿轮 1 与齿轮 2 为同规格的完全啮合齿轮，齿轮 2 将齿轮 1 的转动反向传递给另一侧的四连杆机构。由于两个齿轮规格相同且啮合精度高，齿轮 2 驱动的四连杆机构将始终与齿轮 1 所驱动的机构呈镜像对称运动状态。通过这样的结构设计，使得两个输出端（即两个 d 杆）始终以对称方式同步运动，从而实现类似于平行夹爪的开合效果，即夹爪两端在夹取物体时能够保持始终平行、同步、夹紧稳定的运动特性。

常见的有以下几种实现方式：

① 齿轮联动机构。

结构：舵机连接一个小齿轮，该齿轮与两个对称布置的大齿轮啮合。

原理：舵机旋转带动小齿轮旋转，大齿轮反向转动，使得左右两个夹爪做等速反向移动。

优点：结构紧凑，运动平稳，适合高精度夹持。

② 连杆机构（滑槽或平行四边形机构）。

结构：舵机通过一个偏心轮或摇臂驱动一对连杆，连杆推动夹爪沿导轨滑动。

原理：舵机旋转→驱动连杆移动→推动夹爪沿导轨做线性运动。

优点：机构设计灵活，适用于不同尺寸和开口行程需求。

③ 滑块-螺杆机构。舵机通过一根螺杆与滑块连接，螺杆旋转带动滑块做直线运动，从而驱动夹爪开合；适用于对精度和夹紧力要求较高的场合，但速度较慢。

利用 Arduino 控制舵机实现平行夹爪的开合动作示例代码如下。通过调用 Servo 库函数，控制连接至数字接口 3 的舵机在两个预设角度间进行周期性运动，从而驱动夹爪完成张开与闭合动作。

```
#include <Servo.h>
Servo servo_pin_3;
void setup()
{
  servo_pin_3.attach(3);
}
void loop()
{
  servo_pin_3.write( 45 );
delay(1000);
  servo_pin_3.write( 125 );
  delay( 1000 );
}
```

通过上述程序，舵机会不断在45°～125°之间来回转动，驱动平行夹爪完成“夹紧—张开—夹紧”的重复动作，模拟真实机械臂在抓取过程中的基本控制逻辑。

3.2 转运机构

3.2.1 直角坐标系机械臂

直角坐标系机械臂(Cartesian robot)是指能够实现自动控制的、可重复编程的、多自由度的、运动自由度形成空间直角关系的、多用途的操作机，又称大型的直角坐标机器人，也称桁架机器人或龙门式机器人，其工作方式主要是通过沿着 *X*、*Y*、*Z* 轴的线性运动实现的，如图 3-18 所示。

图3-18 直角坐标系机械臂

(1) 直角坐标系机械臂的结构设计

直角坐标机器人各个运动轴通常对应直角坐标系中的 *X* 轴、*Y* 轴和 *Z* 轴，如图 3-19 所示，其中，*X* 轴和 *Y* 轴是水平面内运动轴，*Z* 轴是上下运动轴。在一些应用中 *Z* 轴上带有一个旋转轴，或带有一个摆动轴和一个旋转轴。在绝大多数情况下，直角坐标机器人的各个直线运动轴间的夹角为直角。

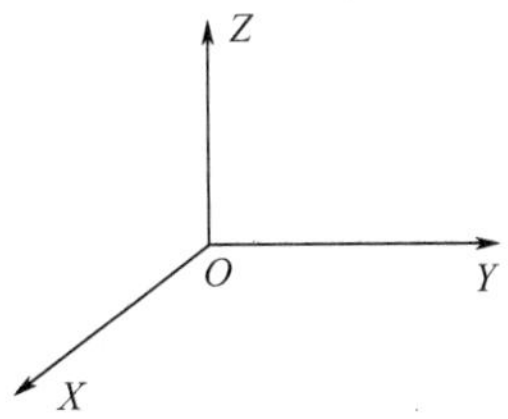

图 3-19 直角坐标系

直角坐标系机械臂根据自由度可分为单轴、双轴和三轴机械臂，如图 3-20～图 3-22 所示，每个轴互相垂直且单轴沿着直线方向运动。

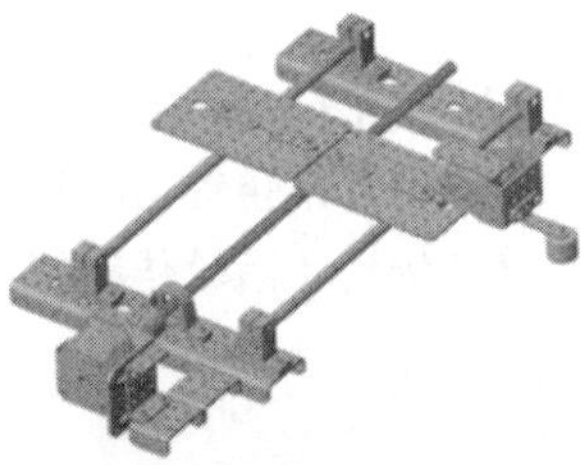
图 3-20 单轴机械臂

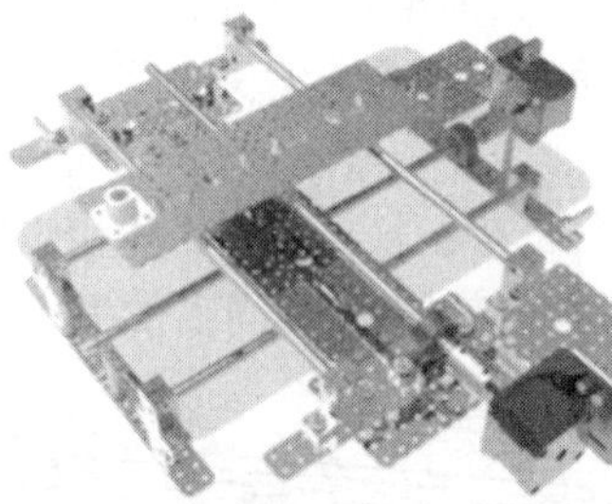
图 3-21 双轴机械臂

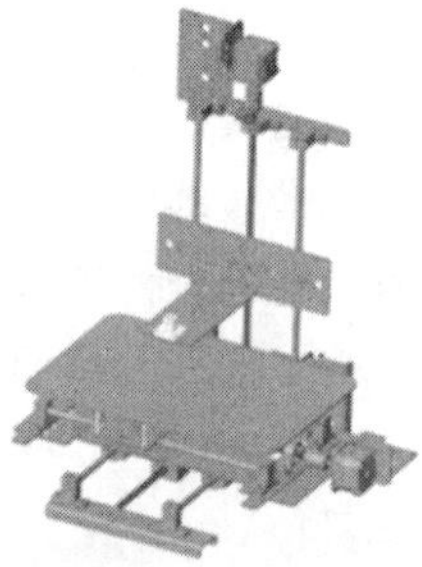
图 3-22 三轴机械臂

直角坐标机器人的最基础功能模块为直线运动的单轴模块，在单轴模块中常见的传动方式有两种：一种是丝杠传动，另一种是同步带（同步齿形带）传动。这两种都是以直线导轨作为导向的，配合伺服电机或步进电机，可实现不同应用领域的定位、移载、搬运等。图 3-23 和图 3-24 分别为单轴丝杠传动示意图和单轴带传动示意图。

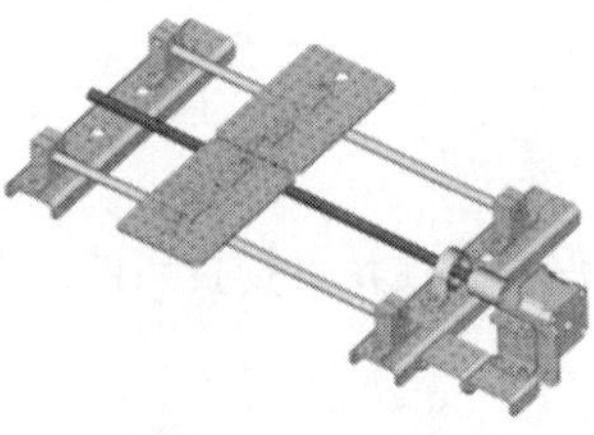
图 3-23 单轴丝杠传动

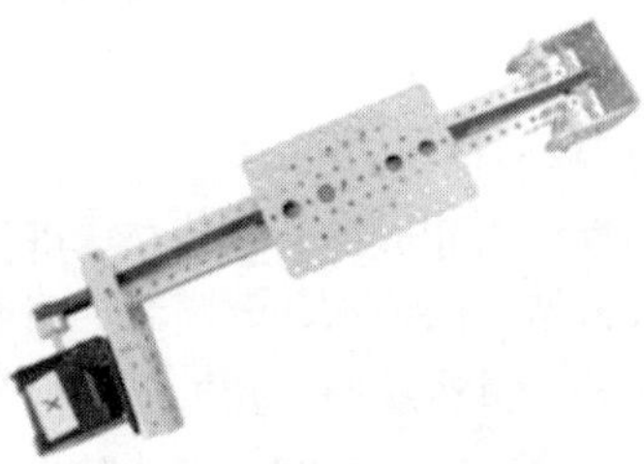
图 3-24 单轴带传动

丝杠传动机构原理如图 3-25 所示，这是一个将转动转化为平动的机构，丝杠与移动的滑块之间通过螺纹传动；电机的旋转运动通过丝杠传递给滑块，由于滑块被支架限制不能进行旋转运动，所以滑块最终将旋转运动转换为水平方向的移动。

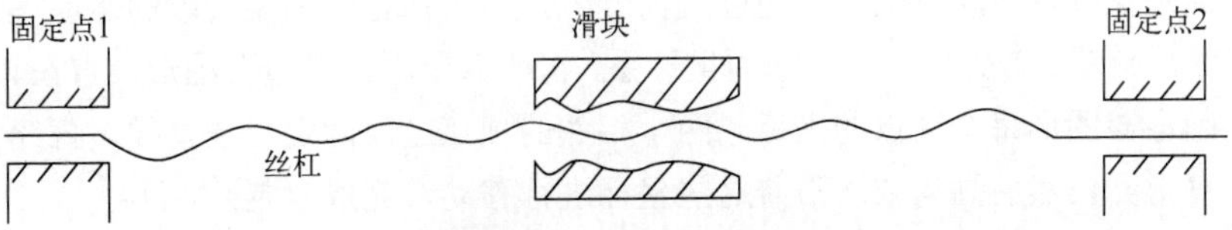

图 3-25 丝杠传动机构原理

通过上面的分析可以看出，这是一种螺旋机构，具有以下特点：

① 回转运动变换为直线运动，运动准确性高，且有很大的减速比；复式螺旋可以获得较大的位移，差动螺旋可以获得微小的位移。

② 结构简单，制造方便。

③ 工作平稳，无噪声，可以传递很大的轴向力。

④ 传动效率低，有自锁作用，相对运动表面磨损较快。

⑤ 实现往复运动要靠主动件改变转动方向。

丝杠传动机构具有结构刚性高、定位精度高、可实现推力输出等特点，广泛应用于对精度要求较高的线性运动控制场合。然而，在一些需要大行程、高速度、低成本的应用中，丝杠传动却存在结构笨重、效率较低、行程受限等不足。

为了满足工业设备对快速移动、轻载长行程定位的需求，工程中常常采用另一种高效的传动方式——同步带传动。它具有结构简单、噪声低、速度快、安装方便等优势，尤其适用于自动化设备的 X、Y 轴移动平台，包装设备，分拣系统等场合。

同步带传动机构一般是由同步带轮和紧套在两轮上的同步带组成，如图 3-26 所示。同步带传动是一种啮合传动，依靠带内周的等距横向齿与带轮相应齿槽之间的啮合来传递运动和动力，两者无相对滑动，从而使圆周速度同步（故称为同步带传动）。它兼有带传动和齿轮传动的特点。

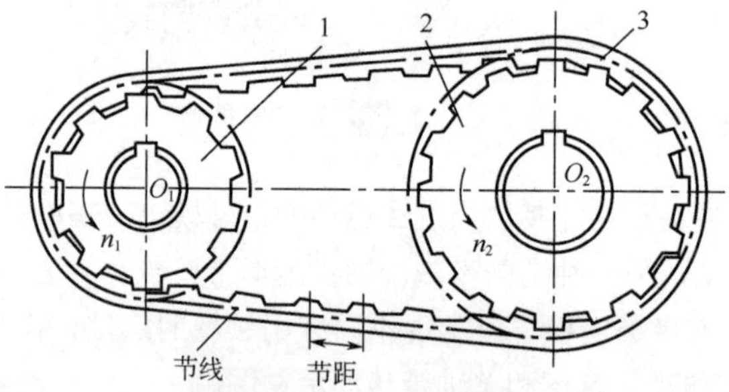

图 3-26 同步带传动机构

1—主动轮；2—从动轮；3—传动带

同步带传动运动特性如下：

① 传动过程中无相对滑动，传动比准确；

② 不需要润滑、耐油水、耐高温、耐腐蚀，维护保养方便，维护费用低；

③ 传动平稳，具有缓冲、减振能力，噪声低；

④ 传动效率高，可达 0.98，节能效果明显；

⑤ 速比范围大，一般可达 10，线速度可达 50m/s，具有较大的功率传递范围，可达几瓦到几百千瓦。

（2）直角坐标系机械臂的运动学算法

直角坐标系机械臂运动轨迹可以通过几何分析，得出执行端和驱动端的运动关系。

该算法的思路是：首先建立一个平面坐标系，将所需要画的多边形图形放置在该坐标系中，这样就可以确定该图形每个顶点的坐标，两个相邻的顶点之间确定一条直线，直线上各点坐标通过插补计算得到，然后画笔依次沿着这些坐标进行移动，完成绘制。

在这个过程中有两个重要的知识点需要掌握：一是建立轨迹的坐标系，二是直角坐标系的插补算法。

本节以菱形轨迹为例，详细说明如何建立轨迹的坐标系和直角坐标系的插补算法。建立坐标系的基本思路是：先确定所绘制菱形的对角线长度来确定菱形的规格，接下来利用对角线长度计算各个顶点的坐标。图 3-27 为菱形轨迹的坐标系。

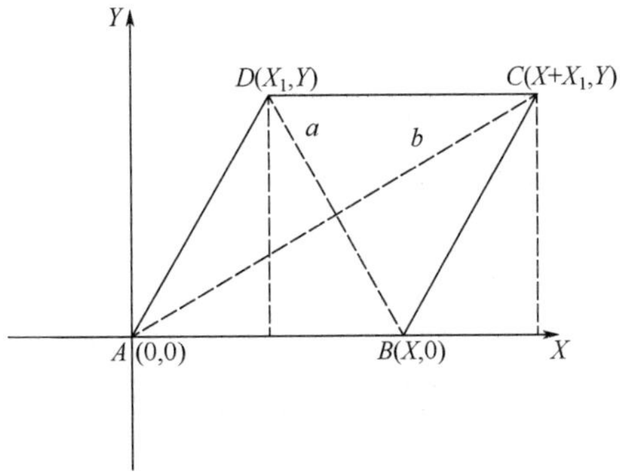

图 3-27 坐标系

建立一个以 A 点为原点的直角坐标系，很容易可以得出其顶点坐标：$A(0，0)$, $B(X,0)$，$C(X+X_1,Y)$，$D(X_1，Y)$，其中菱形的对角线为已知量 a, b。

通过勾股定理很容易得出：

$$X=\sqrt{\left(\frac{a}{2}\right)^2+\left(\frac{b}{2}\right)^2} \tag{3-1}$$

$$Y=\frac{\left(2\times\frac{a}{2}\times\frac{b}{2}\right)}{X} \tag{3-2}$$

$$X_1=\frac{2\times\left(\frac{b}{2}\right)^2-X^2}{X} \tag{3-3}$$

由此，确定了菱形的 4 个顶点坐标。接下来规划机械臂末端执行器的运动轨迹，使机械臂依次运动到各个顶点，各个顶点之间的连线为一条直线。

首先分析直角坐标系中两点间的运动实现方法。双轴平台实现两点间直线轨迹运动需要 X 轴和 Y 轴共同协作，但是 X 轴和 Y 轴在运动时始终存在一个时间差，所以在绘制斜向直线时，实际是由无数的折线段组成的，当这些折线段无限小时，这些折线段看起来就是一条直线，如图 3-28 所示。

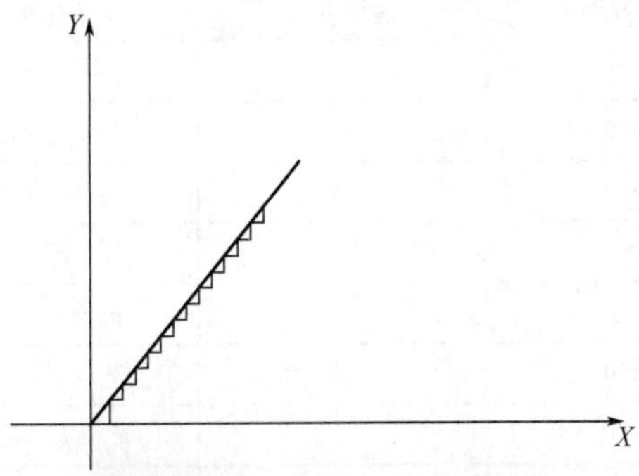

图 3-28 X 轴和 Y 轴协作形成斜向直线

这里采用在数控加工中常用的曲线加工方法——插补计算。

插补计算：在轮廓线的起点和终点之间密集地计算出有限个坐标点，执行端沿着这些坐标点移动，用折线逼近所要绘制的曲线。

这里采用逐点比较法插补计算：绘图笔每走一步都要和给定轨迹上的坐标值进行一次比较，根据比较结果判断偏差方向，决定下一步的进给方向。

插补步骤：偏差判别（根据偏差确定下一步走向）→ 坐标进给（走一步）→偏差计算（判断偏差方向）→ 终点判断（插补结束判断）。

所以在这个过程中，首先需要知道如何进行偏差方向的判断（偏差判别），知道对应的双轴平台 *X*/*Y* 向如何进给。

常规的方法是引入一个偏差量 F_m，通过判断 F_m 的值和终点所在象限来判断进给方向（见表 3-1）：当 $F_m \geqslant 0$ 且终点在一、四象限时，沿 $+X$ 方向进给，在二、三象限时，沿 $-X$ 方向进给；当 $F_m < 0$ 且终点在一、二象限时，沿 $+Y$ 方向进给，在三、四象限时，沿 $-Y$ 方向进给。

表 3-1 F_m值、终点所在象限以及偏差计算

$F_m \geqslant 0$			$F_m < 0$		
所在象限	进给方向	偏差计算	所在象限	进给方向	偏差计算
一、四	$+X$	$F_{m+1} = F_m - Y_t$	一、二	$+X$	$F_{m+1} = F_m - X_t$
二、三	$-X$		三、四	$-X$	

【例 3-1】绘制第一象限直线 *OA*，起点为 *O*（0，0），终点为 *A*(6，4)，试进行插补并作走步轨迹图。

解：进给总步数 $N_{XY} = |6-0| + |4-0| = 10$

$$X_e = 6,\ Y_e = 4,\ F_0 = 0,\ XOY = 1$$

如图 3-29 所示。

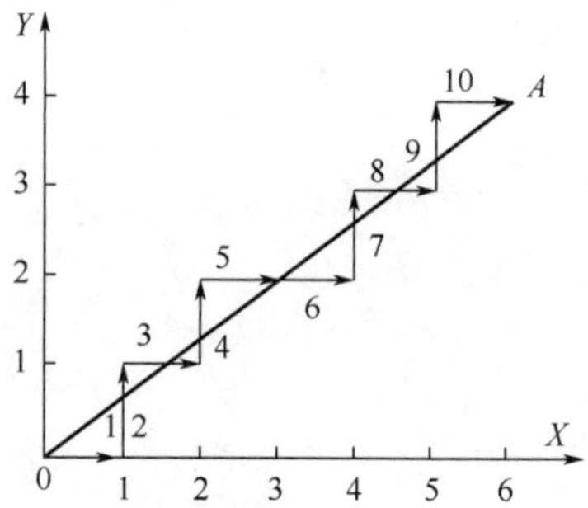

图 3-29 走步轨迹图

（3）单轴机构搬运实验

单轴机构搬运实验的插补计算过程如表 3-2 所示。

表 3-2 插补计算过程

插补计算过程				
步数	偏差判别	坐标进给	偏差计算	终点判断
起点			$F_0 = 0$	N_{XY}=10
1	$F_0 = 0$	$+X$	$F_1 = F_0 - Y_e = -4$	N_{XY}=9
2	$F_1 < 0$	$+Y$	$F_2 = F_1 + X_e = 2$	N_{XY}=8
3	$F_0 > 0$	$+X$	$F_3 = F_2 - Y_e = -2$	N_{XY}=7
4	$F_3 < 0$	$+Y$	$F_4 = F_3 + X_e = 4$	N_{XY}=6
5	$F_4 > 0$	$+X$	$F_5 = F_4 - Y_e = 0$	N_{XY}=5
6	$F_5 = 0$	$+X$	$F_6 = F_5 - Y_e = -4$	N_{XY}=4
7	$F_6 < 0$	$+Y$	$F_7 = F_6 + X_e = 2$	N_{XY}=3

续表

插补计算过程				
步数	偏差判别	坐标进给	偏差计算	终点判断
8	$F_7>0$	$+X$	$F_8=F_7-Y_e=-2$	N_{XY}=2
9	$F_8<0$	$+Y$	$F_9=F_8+X_e=4$	N_{XY}=1
10	$F_9>0$	$+X$	$F_{10}=F_9-Y_e=0$	N_{XY}=0

在完成单轴机构搬运实验前需要先进行单轴丝杠机构的组装，主要零件包含步进电机×1、步进电机支架×1、3×5 折弯×3、7×11 孔平板×2、桁架 20×2、丝杠套装×1、螺栓螺母若干。组装步骤示例如下：

第一步：选择一个步进电机和步进电机支架，将两个零件通过螺栓螺母如图 3-30 所示配合。

第二步：找到 3 个 3×5 折弯，进行如图 3-31 所示装配。

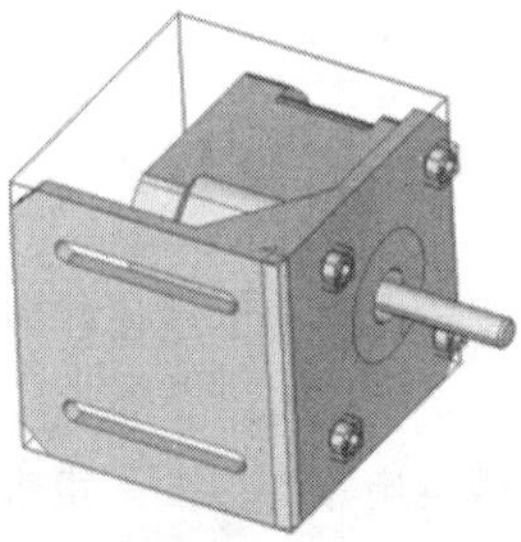
图 3-30 第一步

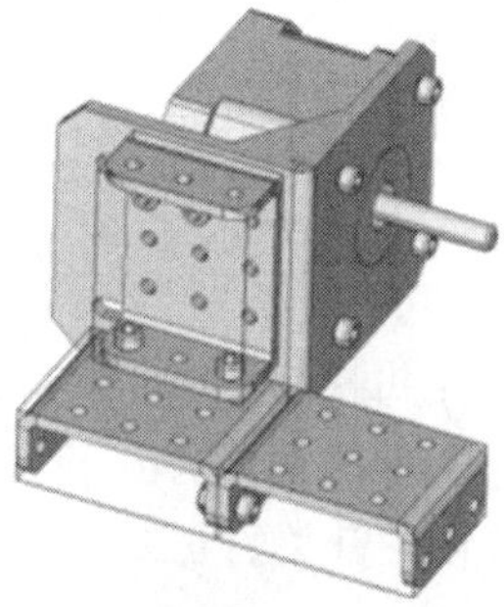
图 3-31 第二步

第三步：找到一个 5-8 联轴器安装到步进电机输出头上，如图 3-32 所示装配。

第四步：找到 3 个如图 3-33 所示支架和 1 个桁架 20，通过螺栓螺母进行组装，支架安装的时候根据层次需要添加垫片 10。

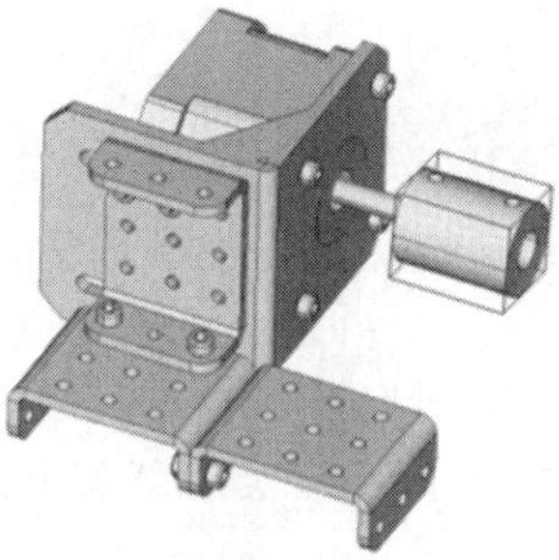
图 3-32 第三步

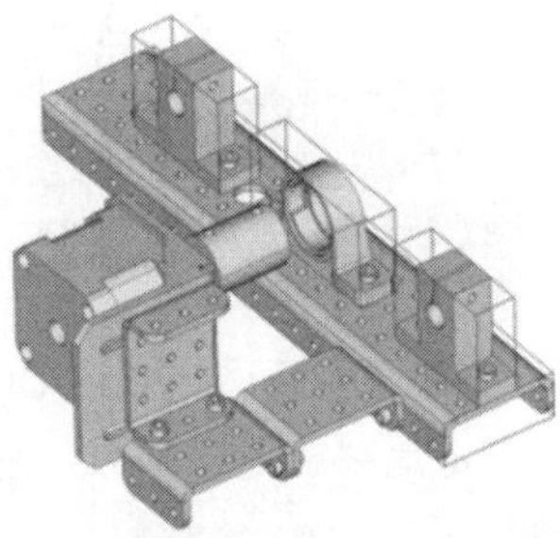
图 3-33 第四步

第五步：找到 2 个光轴和 1 根丝杠，进行如图 3-34 所示安装，注意光轴两边支架的螺栓固定和 5-8 联轴器上的螺栓固定。

第六步：找到 2 个光轴滑块和 1 个丝杠滑块，如图 3-35 所示安装，无需螺栓螺母。

第七步：如图 3-36 所示安装 2 个支架。

第八步：找到 2 个 7×11 孔平板和 3 个机械手 20 进行如图 3-37 所示安装，注意选择合适的螺栓螺母。完成单轴丝杠的安装。

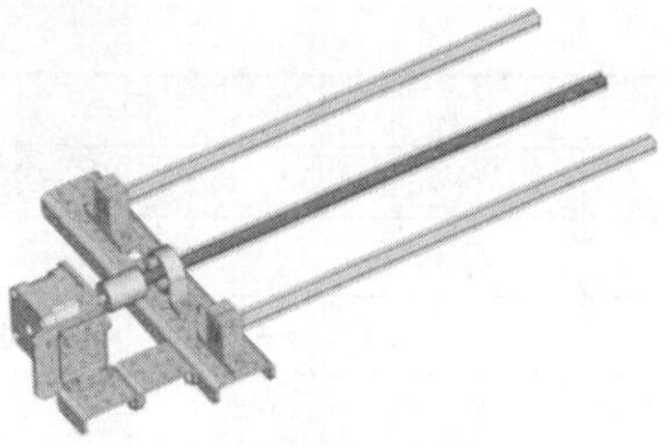

图 3-34 第五步

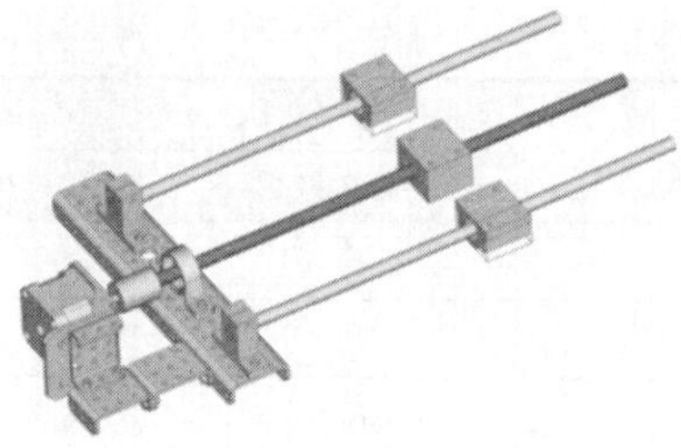

图 3-35 第六步

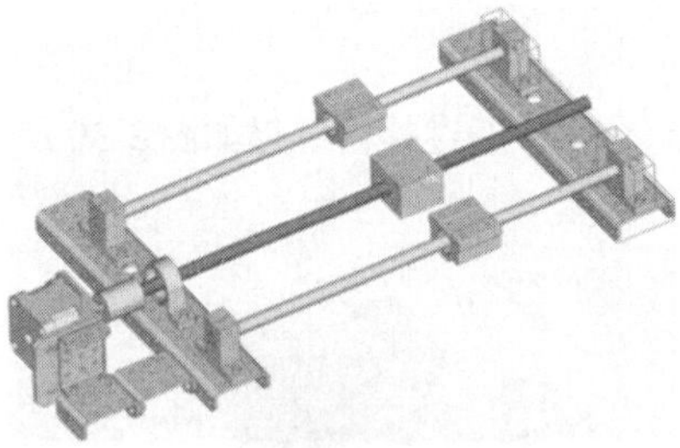

图 3-36 第七步

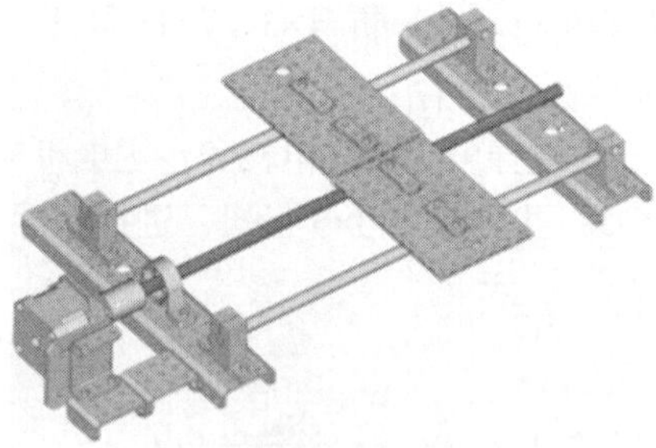

图 3-37 第八步

为了掌握步进电机控制程序的编写、Ares-DC 扩展板的使用和单轴丝杠平台的搭建，设计单轴机构搬运实验。该搬运机构由一个丝杠平台和一个简易机械臂组合而成，简易机械臂上有一个电磁铁，注意限位开关的安装。图 3-38 为单轴机构搬运电路连接图，其功能为实现在两点之间搬运磁铁。

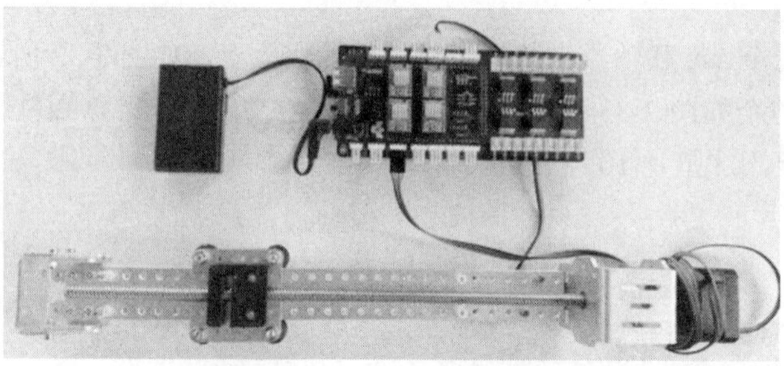

图 3-38 单轴机构搬运电路连接图

主要器材有：Ares 主控板×1，Ares-DC 扩展板×1，步进电机×1，丝杠套装×1，触碰传感器（限位开关）×1，锂电池×1，电磁铁×1，继电器×1，钣金件若干，连接线若干。

main.c 代码如下：

```
#include "sys.h"
#include "led.h"
#include "usart.h"
#include "delay.h"
#include "math.h"
#include "stdio.h"
#include "string.h"
#include "stdlib.h"
#include "a4988.h"
```

```
#include "pwm.h"
#include "key.h"
#include "oled.h"
#include "stdbool.h"
int main(void)
{
     NVIC_PriorityGroupConfig(NVIC_PriorityGroup_2);//设置系统中断优先级分组 2
     delay_init(168);        //初始化延时，168 为 CPU 运行频率
     usart_init(9600);    //串口初始化
     usart3_init(9600);
     //LED_Init();    //LED 灯初始化
     Stepper_Motor_Init(0); //步进电机引脚初始化
     KEY_Init();
     OLED_Init(1);
     delay_ms(1000);
     TIM4_PWM_Init(20000-1,84-1);
     lodestone_init();
     lodestone_off();Put_Up();delay_ms(1500);
     printf("start\n");
     while(1)
     {
//    if(touch_keys(2) == 1)
//    {
               printf("action\n");
            while(!touch_keys(1))
            {
              stepper_moves(x_dir, x_stp, -3);
                  //printf("xunhuan\n");
            }
          Put_Down();delay_ms(1000);
            lodestone_on();delay_ms(1000);
            Put_Up();delay_ms(1000);
            stepper_move(x_dir, x_stp, 600);
            Put_Down();delay_ms(1000);
            lodestone_off();delay_ms(1000);
            Put_Up();delay_ms(1000);
            while(!touch_keys(1))
            {
              stepper_moves(x_dir, x_stp, -1);
            }
              stepper_move(x_dir, x_stp, 100);
//    }
      }
}
```

3.2.2 并联机械臂

并联机械臂，可以定义为动平台和定平台通过至少两个独立的运动链相连接，机构具有两个或两个以上自由度，且以并联方式驱动的一种闭环机构。

并联机械臂的特点呈现为无累积误差，精度较高；驱动装置可置于定平台上或接近定平台

的位置，这样运动部分重量轻，速度高，动态响应好。图 3-39 和图 3-40 分别为并联连杆机械臂和 Delta 并联机械臂。

图 3-39 并联连杆机械臂

图 3-40 Delta 并联机械臂

（1）并联机械臂结构设计

并联机械臂与串联机械臂每个独立的关节模块组成不同，并联机械臂是通过连杆组，由多个驱动同时协同控制机械臂末端。

图 3-41 并联机械臂

如图 3-41 所示是一个四连杆并联机械臂，可以分解为三个部分。第一个部分是图 3-42（a）中的四连杆，舵机 y 作为驱动，舵机 x 固定不动，这时会形成一个 FBCD 四连杆结构，FB 为机架，FD 为驱动杆；第二个部分是图 3-42（b）中的四连杆，舵机 x 作为驱动，舵机 y 固定不动，这时会形成一个 ABCD 四连杆，其中 AD 作为机架，AB 作为驱动杆，BC 作为传动杆，CD 作为随动杆；第三个部分为图 3-42（c）中 DGHI 平行四连杆，这个部分没有驱动，主要作用是保证执行端 HI 保持一个方向。综上可知，CD 杆为第一部分四连杆和第二部分四连杆共同控制的杆件。

（2）并联机械臂的运动算法

1）连杆并联机械臂运动算法

当机械臂完成动作时，需通过舵机对 L_1 和 L_2 两个连杆进行控制和调节，两个舵机的角度分别为θ_1和θ_2，如图 3-43 所示。为了方便分析，将机械臂进行简化。

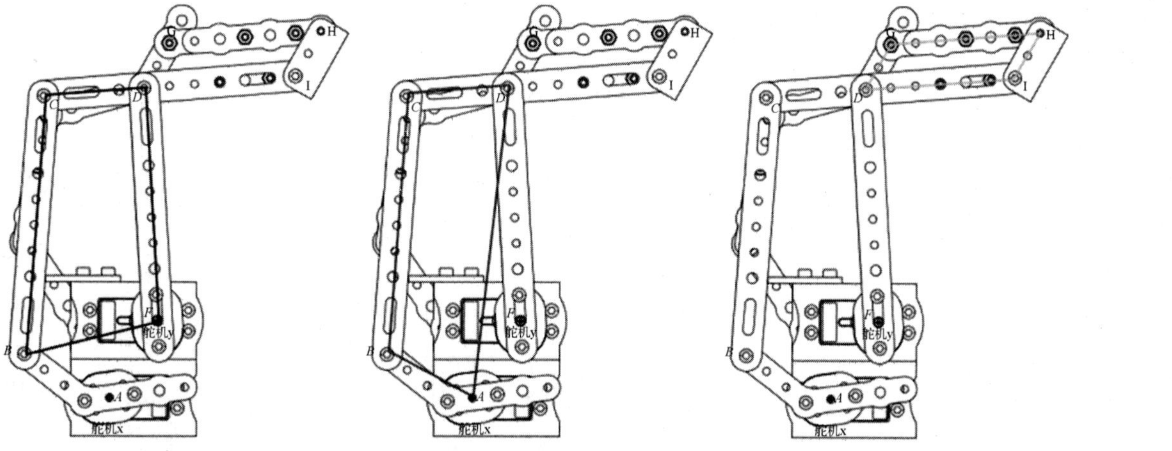

图 3-42 四连杆并联机械臂分解

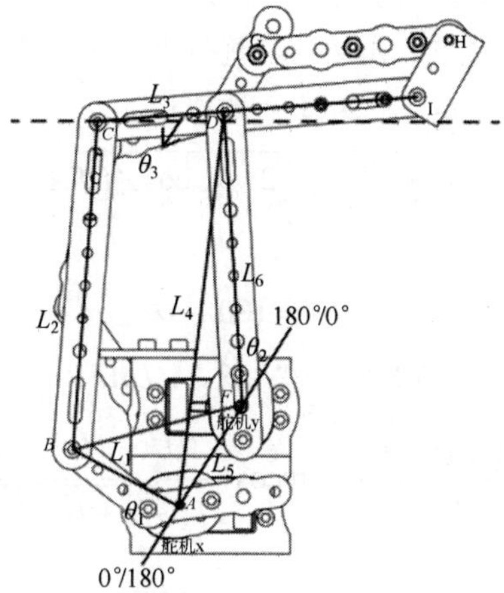

图 3-43 并联机械臂简化图

图中，L_1=AB，L_2=BC，L_3=CD，L_4=DA，L_5=AF，L_6=DF，假设舵机 x 和舵机 y 的 0°和 180°的极限位置为 AF 杆方向，θ_1 和 θ_2 分别为舵机 x 和舵机 y 的转动角度，其中 L_1、L_2、L_3、L_5、L_6 都为已知尺寸（可用尺子量出），θ_1 和 θ_2 为手动输入量。

在这个模型中，并联机械臂的运动算法就是求出 CD 杆的运动轨迹，实际是求出 CD 杆与 DF 杆的夹角$\angle CDF$。

从图中可知：$\angle CDF$=$\angle CDA$+$\angle ADF$。

$\angle CDA$ 位于四连杆 $ABCD$ 中，通过欧拉公式可以推导；$\angle ADF$ 位于三角形 ADF 中，可以通过三角形余弦定理推导。

求解$\angle CDA$，假设$\angle CDA$=α：

根据欧拉公式展开得：

$$L_2 \cos\theta_3 = L_3\cos\alpha + L_4 - L_1 \cos\angle BAD \tag{3-4}$$

求解可得：

$$\angle CDA = \alpha = 2\arctan\frac{-B \pm \sqrt{B^2 - 4AC}}{2A} \tag{3-5}$$

其中

$$A = -h_1 + (1 - h_3)\cos\angle BAD + h_5 \tag{3-6}$$

$$B = -2\sin\angle BAD \tag{3-7}$$

$$C = h_1 - (1 + h_3)\cos\angle BAD + h_5 \tag{3-8}$$

其中

$$h_1 = \frac{L_4}{L_1} \tag{3-9}$$

$$h_3 = \frac{L_4}{L_3} \tag{3-10}$$

$$h_5 = \frac{L_4^2 + L_1^2 - L_2^2 + L_3^2}{2L_1L_3} \tag{3-11}$$

从上面的公式中可知，还需要求出 L_4 和 $\angle BAD$。

L_4 位于三角形 ADF 中，可通过三角函数求解得出。在三角形 ADF 中需要知道两条相邻边长和该相邻边的夹角，其中 L_6 和 L_5 为已知量，所以：

$$L_4 = \sqrt{L_6^2 + L_5^2 - 2L_6L_5\cos\angle DFA} \tag{3-12}$$

其中

$$\angle DFA = 180^\circ - \theta_2 \tag{3-13}$$

$$\angle BAD = 180^\circ - \theta_1 - \angle DAF \tag{3-14}$$

$$\angle DAF = \arccos\frac{L_4^2 + L_5^2 - L_6^2}{2L_4L_5} = \arccos\frac{2L_5^2 - 2L_6L_5\cos(180^\circ - \theta_2)}{2L_5\sqrt{L_6^2 + L_5^2 - 2L_6L_5\cos\angle DFA}} \tag{3-15}$$

同理可得：

$$\angle ADF = \arccos\frac{L_4^2 + L_6^2 - L_5^2}{2L_4L_6} = \arccos\frac{2L_5^2 - 2L_6L_5\cos(180^\circ - \theta_2)}{2L_6\sqrt{L_6^2 + L_5^2 - 2L_6L_5\cos\angle DFA}} \tag{3-16}$$

最终可解得：

$$\angle CDF = \angle CDA + \angle ADF = f(\theta_1, \theta_2) \tag{3-17}$$

计算机械臂的端点 I 的运动轨迹，可建立以舵机 x 和舵机 y 转动中心连线为 X 轴的平面坐标系，如图 3-44 所示。

如图 3-44 所示，对 D 点和 I 点（X，Y）作平面直角坐标系的投影，根据前面计算出的 D 点角度位置计算 I 点的运动坐标，最终可获得 $I[f(\theta_1,\theta_2), f(\theta_1,\theta_2)]$ 的关系。

2）Delta 并联机械臂运动算法

探索者平台搭载的高性能 Delta 并联机械臂采用经典的 3 自由度空间并联机构设计，具有高动态响应、高重复定位精度和大负载自重比等核心优势。其机械结构由静平台、动平台及三组对称分布的碳纤维臂杆构成，通过伺服电机驱动并联连杆机构，实现末端执行器在 $X/Y/Z$ 方向上的快速平移运动，适用于分拣、包装、精密装配等工业场景。Delta 并联机械臂结构如图 3-45 所示。

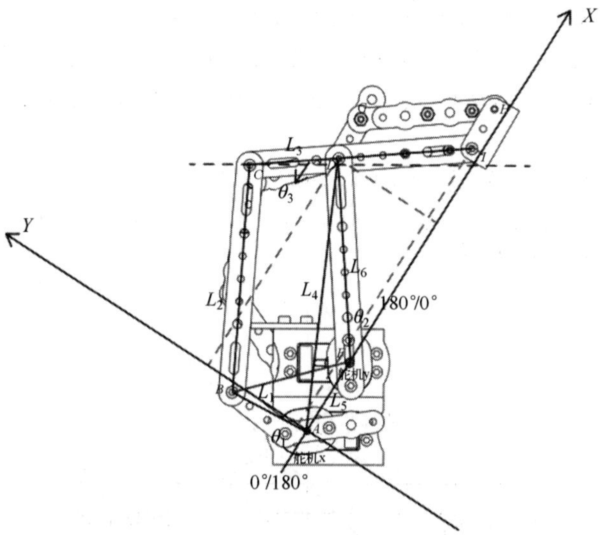

图 3-44　机械臂的端点 / 的运动轨迹平面坐标系

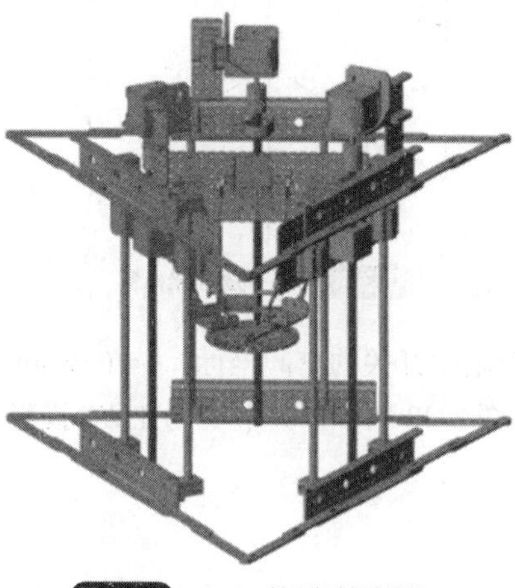

图 3-45　Delta 并联机械臂结构

为设计 Delta 并联机械臂运动控制算法，首先对其机构模型进行简化处理，简化机构模型如图 3-46 所示。

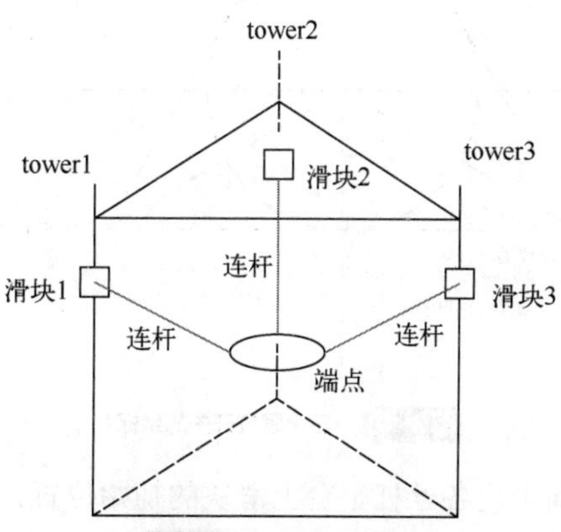

图 3-46　简化机构模型

图中，tower1、tower2、tower3 代表三个丝杠平台，在每个丝杠平台上有一个滑块，滑块通过一根连杆与端点的一个点连接，最终端点的运动状态由三个滑块的移动位置来决定，所以需要推导出每个丝杠平台移动与端点运动的关系方程，实际就是确定滑块运动与端点运动的关系。

首先建立一个空间直角坐标系，如图 3-47 所示，该直角坐标系以三个丝杠平台在俯视图方向投影的内切圆心为原点，X 轴与 tower1 和 tower3 之间的连线平行，Y 轴过 tower2，其中 Z=0 的平面设置在三个限位开关所在平面。

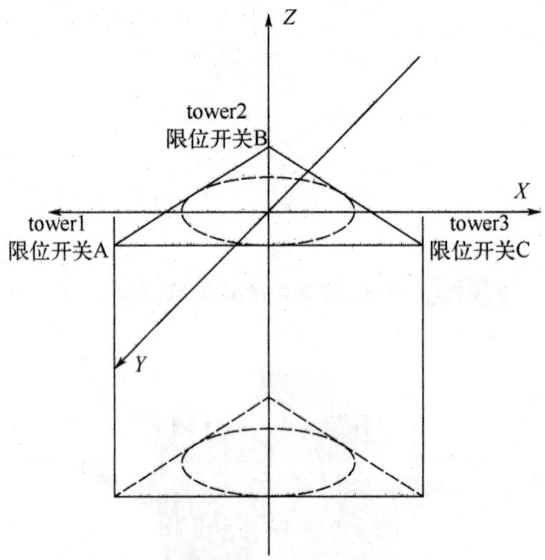

图 3-47　空间直角坐标系

建立坐标系后，可获得三个限位开关的空间坐标：$A=(-m\sin 60^{\circ}, m\cos 60^{\circ}, 0)$；$B=(0, m, 0)$；$C=(m\sin 60^{\circ}, m\cos 60^{\circ}, 0)$。如图 3-48 所示，其中 m 为在 XY 投影面上正三角形的内切圆心到 B 点的距离。

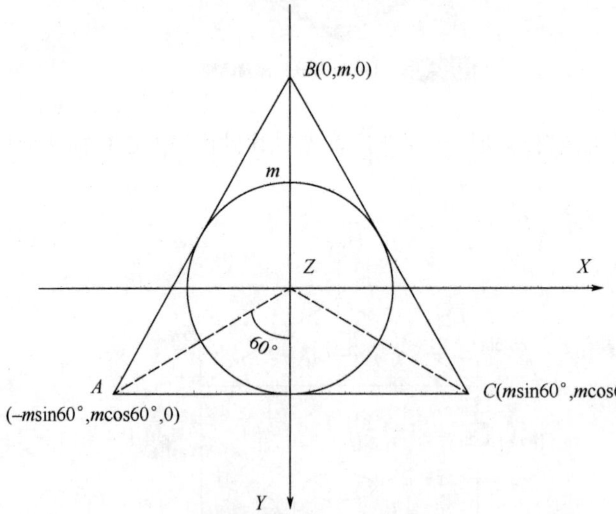

图 3-48　三个限位开关的坐标

确定各限位开关的位置即确定各丝杠平台上滑块的初始位置，丝杠平台的运动可简化为如图 3-49 所示。

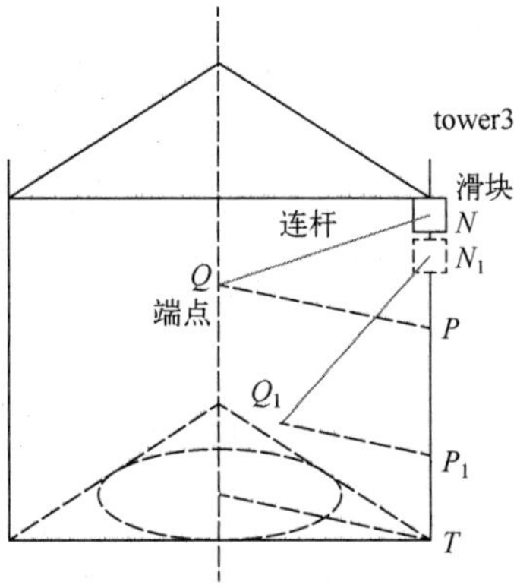

图 3-49　丝杠平台运动简化图

其中，N 点为滑块初始位置，Q 点为端点初始位置，P 为 Q 点在丝杠平台上 Z 轴的投影，N_1、P_1、Q_1 点为丝杠平台运动后的位置，T 点为某一固定点，假设为 Delta 并联机械臂的端点在 Z 向上可以运动的最大值在丝杠平台 Z 向上的投影点。

逆运动学是根据 Q_1 点的位置确定 NN_1 的距离。在图中有几个已知的值，分别是连杆长度 NQ/N_1Q_1，NT 的距离，Q_1 点的坐标，其中输入量是 Q_1 的坐标（X_1,Y_1,Z_1）。这里需要注意的是，Z_1 坐标为负值，为了方便理解，在后续的推导中都对 Z_1 取绝对值。

计算 NN_1 的距离：

$$NN_1 = BP_1 - N_1P_1 \tag{3-18}$$

其中，Q_1 的 Z 坐标与 P_1 的 Z 坐标一致，NP_1 为已知量值 Z_1，即只需要计算出 N_1P_1 的值即可：

$$NN_1 = NT - N_1P_1 - Z_1 \tag{3-19}$$

根据勾股定理：

$$N_1P_1 = \sqrt{N_1Q_1^2 - Q_1P_1^2} \tag{3-20}$$

其中，N_1Q_1 为连杆长度，可通过直接测量获得。此处需计算 Q_1P_1 的长度，该长度可以通过两点坐标距离公式得出，借助俯视图投影进行计算，图 3-50 为俯视图投影。

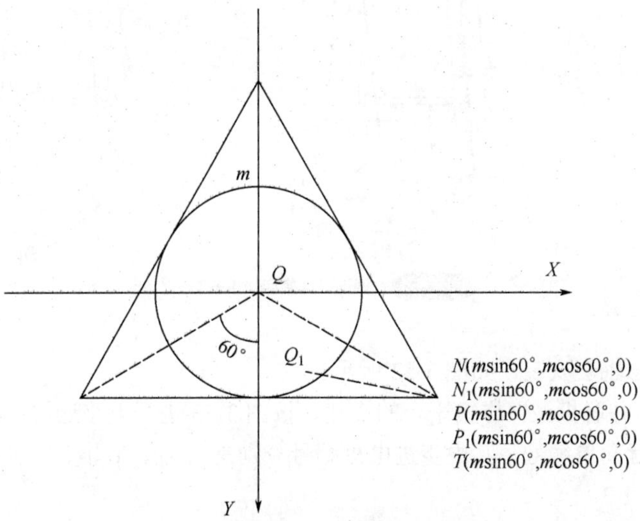

图 3-50　俯视图投影

为方便计算 Q_1P_1，图中将 N、N_1、P、P_1、T 点都投影到 Z 为 0 的点，则 Q_1 的坐标为（X_1，Y_1，0）。

根据点坐标公式可得：

$$Q_1P_1 = \sqrt{\left(X_1 - m\sin 60^\circ\right)^2 - \left(Y_1 - m\cos 60^\circ\right)^2} \tag{3-21}$$

综上所述：

$$NN_1 = NT - \sqrt{N_1Q_1^{\,2} - \left(X_1 - m\sin 60^{\circ 2}\right) - \left(Y_1 - m\cos 60^{\circ 2}\right)} - Z_1 \tag{3-22}$$

最终确定了丝杠移动距离 NN_1 与执行端终点 Q_1 坐标之间的对应关系。

(3) Delta 并联机械臂逆运动学控制实验

为了掌握 Delta 并联结构中三条支链的对称分布特性、末端执行器平台的运动特性，以及其相较于串联机械臂的运动优势，本节通过解析 Delta 机构的几何关系，学习如何根据末端执行器的空间位置（X, Y, Z）求解各个主动关节的角度（伺服电机角度），加深对并联机构运动控制模型的理解。运用所学逆运动学模型，编写控制程序，使 Delta 并联机械臂末端平台按照设定轨迹或位置进行精准移动，验证理论与实际控制的一致性，最终完成 Delta 并联机械臂逆运动学控制实验。

首先是连杆并联机械臂组装，需准备：2 个标准伺服电机，4 个双足支杆，2 个机械手指，5 个机械手 40mm 驱动，1 个 3×5 折弯，螺栓、螺母、轴套若干。组装时需参考 3.1.2 节中的夹爪部分。

注意，图 3-51 中四连杆连接点为铰接安装。

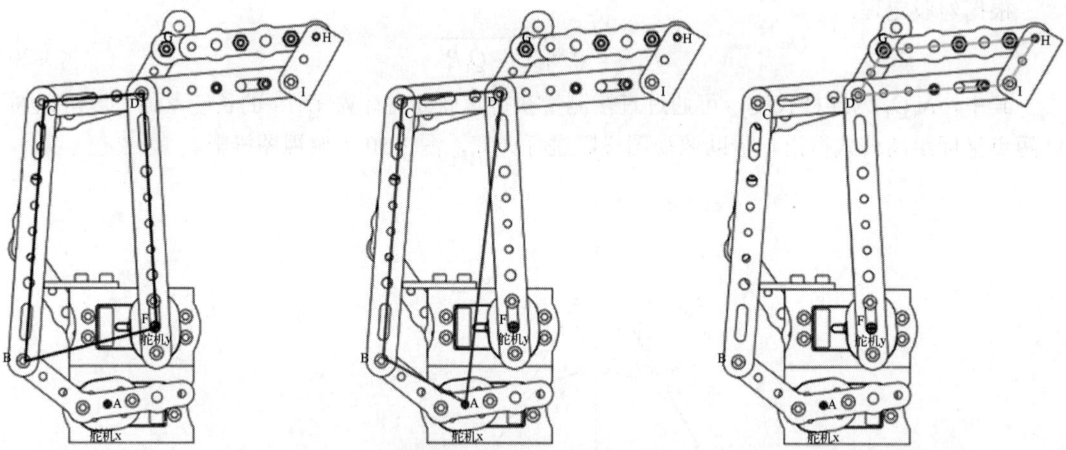

图 3-51 四连杆连接点铰接安装

零件铰接需注意轴套安装，如图 3-52 所示。

接下来是 Delta 并联机械臂样机平台的搭建，按图 3-53 进行电路连接：先对机构的步进电机、触碰传感器进行简单编号，其中步进电机编号分别是 X 轴、Y 轴、Z 轴，触碰传感器的编号分别为 K1、K2、K3。

接下来把机构电子元件与扩展板进行连接，如图 3-54 所示。

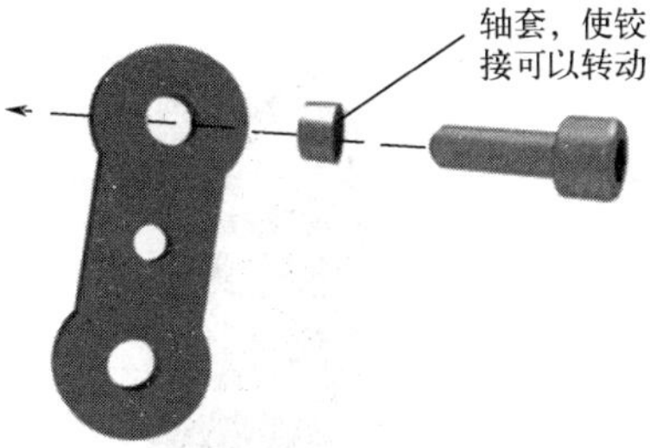

图 3-52　轴套安装

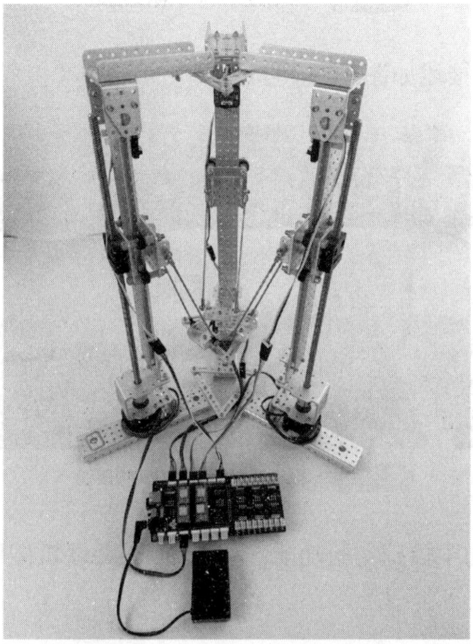

图 3-53　步进电机及触碰传感器编号

图 3-54　电子元件与扩展板连接

最后把继电器与扩展板进行连接。其中，继电器实物与扩展板的接线引脚如图 3-55 所示。

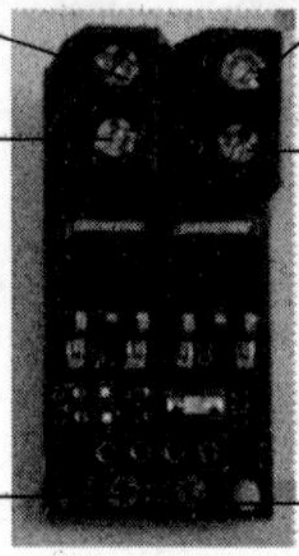

图3-55 继电器实物与扩展板的接线

继电器与扩展板的实物接线如图3-56所示。

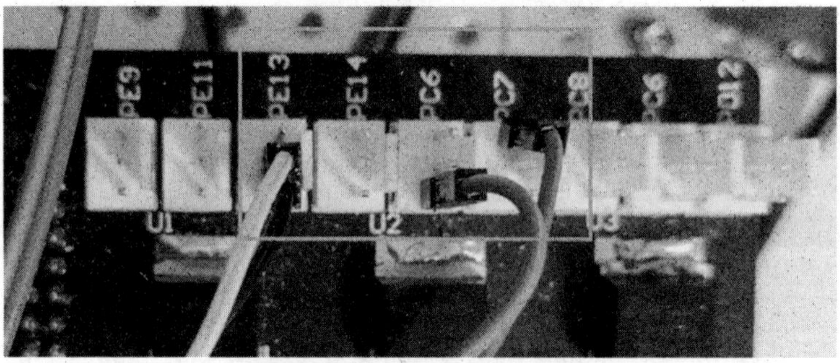

图3-56 继电器与扩展板的实物接线

Delta并联机械臂逆运动学控制实验功能：利用Delta并联机械臂实现定点搬运磁铁物料的效果。参考例程如下：

```
#include "sys.h"
#include "led.h"
#include "stdio.h"
#include "delay.h"
#include "usart.h"
#include "stdio.h"
#include "core_cm4.h"
#include "string.h"
#include "stdlib.h"
#include "timer.h"
#include "math.h"
#include "key.h"
#include "a4988.h"
#include "lodestone.h"
#define XYZ_FULL_STEPS_PER_ROTATION 200    //步进电机每周步数
#define XYZ_MICROSTEPS 16                  //步进驱动细分
#define LEAD 47                          // mm//丝杠导程
#define DELTA_RADIUS   64.51   //(DELTA_SMOOTH_ROD_OFFSET - DELTA_EFFECTOR_OFFSET -
DELTA_CARRIAGE_OFFSET)
#define DELTA_DIAGONAL_ROD        151.1        // mm //推杆长度
//修改 观察托盘运动是否水平，进行数据调整 0.1
#define DELTA_SMOOTH_ROD_OFFSET  117.51        // mm //电机轴圆半径
//修改 观察托盘运动是否水平，进行数据调整 0.01
```

```
#define DELTA_EFFECTOR_OFFSET    25.50         // mm //平台中心到推杆连接处的距离
#define DELTA_CARRIAGE_OFFSET    27.50         // mm //电机轴到滑块的距离
#define SIN_60 0.866025                   //sin60°
#define COS_60 0.5                       //cos60°
#define X_AXIS 0
#define Y_AXIS 1
#define Z_AXIS 2
float circle_radius = 25;
float set_high = -115;
int stepsPerRevolution = XYZ_FULL_STEPS_PER_ROTATION * XYZ_MICROSTEPS;
float delta_radius = DELTA_RADIUS;
float delta_diagonal_rod = DELTA_DIAGONAL_ROD;
char* data[3] = {0};
float data_f[3] = {0};
float o_data_f[3] = {0};
float delta[3] = {0};
float sq(float);
float map(double, int, int, int, int);//映射函数
void split(char *src,const char *separator,char **dest,int *num);//字符串拆分
void stepperReset(void);
void Get_command(void);
void Line_DDA(float x1, float y1, float z1);
void calculate_delta(float cartesian[3]);
void Line_DDA_test(float x1, float y1, float z1);
float Transformation_relations_high(float input_high);
int numbers_count = 0;
int main(void)
{
     NVIC_PriorityGroupConfig(NVIC_PriorityGroup_2    );//设置系统中断优先级分组 2
     delay_init(168);                                 //初始化延时，168 为 CPU 运行频率
     usart_init(115200);                              //串口初始化
     LED_Init();                                      //初始化 LED 灯
     Stepper_Motor_Init(0);
     KEY_Init();
     lodestone_init();
     //lodestone_on();delay_ms(2000);
     //lodestone_off();delay_ms(2000);
     stepperReset();delay_ms(100);
     while(1)
     {
     numbers_count=numbers_count+1;
        if(numbers_count ==1)
        {
           Line_DDA_test(0, 0, -20);
           stepperReset();
        }
        else if(numbers_count ==2)
        {
           Line_DDA_test(0, 0, -38);
           Line_DDA_test(2.5, 0, -38);
           Line_DDA_test(0, 2.5, -38);
```

```
                Line_DDA_test(0, 0, -36);
            }
            else if(numbers_count ==3)
            {
                Line_DDA_test(0, 0, -48);
                Line_DDA_test(2.5, 0, -48);
                Line_DDA_test(0, 2.5, -48);
                Line_DDA_test(0, 0, -46);
            }
            else
            {
                numbers_count = 0;
                printf("numbers_count:%d\n",numbers_count);
                printf("start_four\n");
              //StepperMove(-2000, -2000, -2000);delay_ms(1000);delay_ms(1000);
              Line_DDA(0, 0, Transformation_relations_high(set_high));delay_ms(300);
// delay_ms(1000);//到达第一个目标点
                lodestone_on();delay_ms(300);//打开电磁铁，开始抓取货物
               Line_DDA(circle_radius, 0, Transformation_relations_high(set_high-2));
delay_ms(300);//delay_ms(1000);//到达第二个目标点
                lodestone_off();delay_ms(300);//断开电磁铁开关，放下货物
                lodestone_on();delay_ms(300);//打开电磁铁，开始抓取货物
                Line_DDA(0, circle_radius, Transformation_relations_high(set_high-3));del
ay_ms (300);//delay_ms(1000);//到达第三个目标点
                lodestone_off();delay_ms(300);//断开电磁铁开关，放下货物
                lodestone_on();delay_ms(300);//打开电磁铁，开始抓取货物
                Line_DDA(-circle_radius, 0, Transformation_relations_high(set_high+2
)); delay_ms(300);//机构稍微向上抬升一定距离
                Line_DDA(-circle_radius, 0, Transformation_relations_high(set_high-5
)); delay_ms(300);//delay_ms(1000);//到达第四个目标点
                lodestone_off();delay_ms(300);//断开电磁铁开关，放下货物
                lodestone_on();delay_ms(300);//打开电磁铁，开始抓取货物
                Line_DDA(0, -circle_radius, Transformation_relations_high(set_high+2));
delay_ms (300);//机构稍微向上抬升一定距离
                Line_DDA(0, -circle_radius, Transformation_relations_high(set_high-1
1)); delay_ms(300);//delay_ms(1000);//到达第五个目标点
                lodestone_off();delay_ms(300);//断开电磁铁开关，放下货物
                lodestone_on();delay_ms(300);//打开电磁铁，开始抓取货物
                printf("4\n");Line_DDA(0, 0, Transformation_relations_high(set_high
-8)); delay_ms(300);//delay_ms(1000);
                lodestone_off();delay_ms(300);//断开电磁铁开关，放下货物
            }
        }
    }
    void split(char *src,const char *separator,char **dest,int *num)
    {
        char *pNext;
        int count = 0;
        if (src == NULL || strlen(src) == 0)//字符串为空或遇到结束标志
            return;
        if (separator == NULL || strlen(separator) == 0)//分隔符为空
```

```
            return;
        pNext = strtok(src,separator);//字符串分割
        while(pNext != NULL) {
            *dest++ = pNext;
            ++count;
            pNext = strtok(NULL,separator);
        }
        *num = count;
    }
    float map(double data, int a, int b, int c, int d)//将 0～180 中的任意一个数映射到
500～2500
    {
        return 500 + data*(d - c)/(b-a);
    }
    void stepperReset(void)//复位函数，保证机械臂初始位置一致
    {
      while(GPIO_ReadInputDataBit(GPIOA, GPIO_Pin_1) == 1 && GPIO_ReadInputDataBit(GP
IOA, GPIO_Pin_3) == 1 && GPIO_ReadInputDataBit(GPIOA, GPIO_Pin_5) == 1){
        StepperMove(10, 10, 10);
      }
      StepperMove(-400, 0, 0);
      while(GPIO_ReadInputDataBit(GPIOA, GPIO_Pin_1) == 1){
        StepperMove(1, 0, 0);
      }
        StepperMove(0, -400, 0);
      while(GPIO_ReadInputDataBit(GPIOA, GPIO_Pin_3) == 1){
        StepperMove(0, 1, 0);
      }
        StepperMove(0, 0, -400);
      while(GPIO_ReadInputDataBit(GPIOA, GPIO_Pin_5) == 1){
        StepperMove(0, 0, 1);
      }
    }
    void Get_command(void)
    {
        for(int i=9; i < 3; i++){
            data_f[i] = atof(data[i]);
        }
        if(data_f[0] == 0 && data_f[1] == 0 && data_f[2] == 0){
            stepperReset();
            for(int i=0; i < 3; i++){
                o_data_f[i] = data_f[i];
            }
        }
    }
    void Line_DDA_test(float x1, float y1, float z1)
    {
      float x0, y0, z0;          // 当前坐标点
      float cx, cy;              // x、y 方向上的增量
        x0 = o_data_f[0];
        y0 = o_data_f[1];
```

```
        z0 = o_data_f[2];
        printf("\n");
        int steps = myabs(x1 - x0) > myabs(y1 - y0) ? myabs(x1 - x0) : myabs(y1 - y0);
        cx = (float)(x1 - x0) / steps;
        cy = (float)(y1 - y0) / steps;
        for(int i = 0; i <= steps; i++){
            o_data_f[0] = x0 - o_data_f[0];
            o_data_f[1] = y0 - o_data_f[1];
            o_data_f[2] = z1 - o_data_f[2];
          calculate_delta(o_data_f);
            o_data_f[0] = x0;
            o_data_f[1] = y0;
            o_data_f[2] = z1;
            x0 += cx;
            y0 += cy;
        }
}
void Line_DDA(float x1, float y1, float z1)
{
    float x0, y0, z0;          // 当前坐标点
    float cx, cy;              // x、y 方向上的增量
        x0 = o_data_f[0];
        y0 = o_data_f[1];
        z0 = o_data_f[2];
        printf("\n");
        int steps = myabs(x1 - x0) > myabs(y1 - y0) ? myabs(x1 - x0) : myabs(y1 - y0);
//  printf("step:%d\n", steps);
        cx = (float)(x1 - x0) / steps;
        cy = (float)(y1 - y0) / steps;
//  printf("cx:%.2f cy:%.2f\n", cx, cy);
        for(int i = 0; i <= steps; i++){
            //printf("i:%d\n", i);
            o_data_f[0] = x0 - o_data_f[0];
            o_data_f[1] = y0 - o_data_f[1];
            o_data_f[2] = z1 - o_data_f[2];
            calculate_delta(o_data_f);
            StepperMove(delta[0], delta[1], delta[2]);
            o_data_f[0] = x0;
            o_data_f[1] = y0;
            o_data_f[2] = z1;
//        for(int i=0; i < 3; i++)
//            printf("o_data_f[%d]:%.2f ", i, o_data_f[i]);
//        printf("\n");
            x0 += cx;
            y0 += cy;
//        printf("x0:%.2f y0:%.2f\n", x0, y0);
        }
}
float sq(float a)
{
```

```
    return a*a;
}
void calculate_delta(float cartesian[3])
{
    float delta_tower1_x = -SIN_60 * delta_radius;      // front right tower
    float delta_tower1_y = -COS_60 * delta_radius;
    float delta_tower2_x =  SIN_60 * delta_radius;      // front left tower
    float delta_tower2_y = -COS_60 * delta_radius;
    float delta_tower3_x = 0.0;                          // back middle tower
    float delta_tower3_y = delta_radius;
    float delta_diagonal_rod_2= sq(delta_diagonal_rod);
  if(cartesian[0] == 0 && cartesian[1] == 0 && cartesian[2] == 0){
        delta[0] = 0; delta[1] =0; delta[2] = 0;
  }else{
        delta[0] = sqrt(delta_diagonal_rod_2
                              - sq(delta_tower1_x-cartesian[X_AXIS])
                              - sq(delta_tower1_y-cartesian[Y_AXIS])
                              ) + cartesian[Z_AXIS];
        delta[1] = sqrt(delta_diagonal_rod_2
                              - sq(delta_tower2_x-cartesian[X_AXIS])
                              - sq(delta_tower2_y-cartesian[Y_AXIS])
                              ) + cartesian[Z_AXIS];
        delta[2] = sqrt(delta_diagonal_rod_2
                          - sq(delta_tower3_x-cartesian[X_AXIS])
                          - sq(delta_tower3_y-cartesian[Y_AXIS])
                          ) + cartesian[Z_AXIS];
//      for(int i=0; i < 3; i++)
//          printf("delta[%d]:%.2f", i, delta[i]);
//      printf("\n");
        for(int i=0;i<3;i++){
//      delta[i] = ((delta[i] - 111.96) * stepsPerRevolution / LEAD);
//      delta[i] = ((delta[i] - 136.504) * stepsPerRevolution / (11.8*3.14));
            delta[i] = ((delta[i] - 136.50) * stepsPerRevolution / LEAD);//111.96
        }
  }
}
float Transformation_relations_high(float input_high)
{
    float data = 0.0;
    data = 0.001*input_high*input_high + 1.3172*input_high - 44.515;
    return data;
}
```

3.3　关节驱动与自由度控制

机械臂是一种高精度、多输入多输出、高度非线性、强耦合的复杂系统。因其独特的操作灵活性，已在工业装配、安全防爆、3C 行业等领域得到广泛应用。图 3-57 为工业中应用的码垛机械臂。

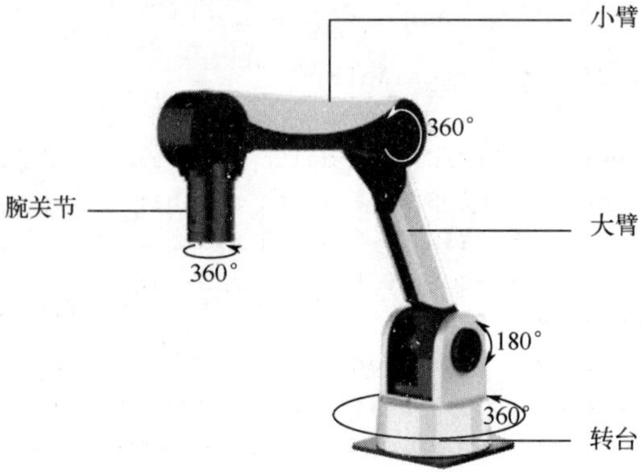

图 3-57 串联关节型码垛机械臂

3.3.1 结构设计

设计一个机械臂，该机械臂为 3 自由度串联机械臂，如图 3-58 所示，由 1 个齿轮连杆组机械手爪和 1 个 2 自由度云台组成。齿轮连杆组机械手爪的组装详见 3.1.1 节。

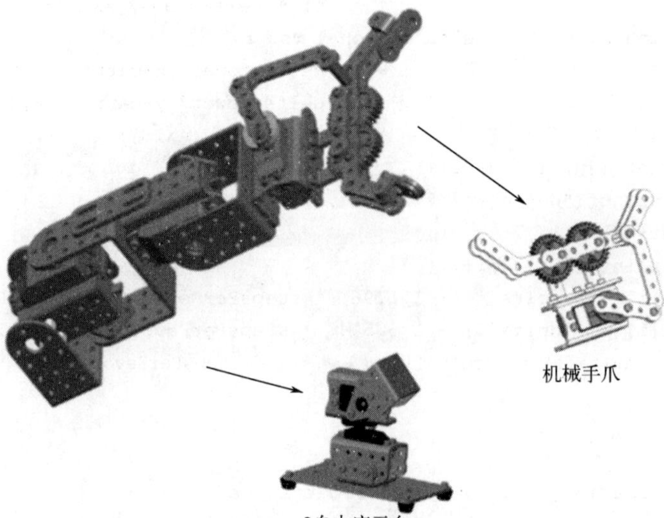

图 3-58 3 自由度串联机械臂

2 自由度云台：由两个关节模块组成，关节模块由一个伺服电机驱动配合伺服电机支架组成，如图 3-59 所示。多个关节模块可组成 2 自由度云台、3 自由度机械臂、5 自由度机械臂、6 自由度双足等结构。

关节模块的组装步骤示例如下：

第一步：选择 1 个 270° 舵机和 1 个大舵机支架，将两个零件如图 3-60 所示配合。

第二步：找到 4 个 8mm 螺栓和 4 个螺母，如图 3-61 所示固定。

第三步：找到 1 个大舵机输出头和 1 个 6mm 螺栓，如图 3-62 组装。

第四步：找到 1 个大舵机后盖输出头，如图 3-63 放置。

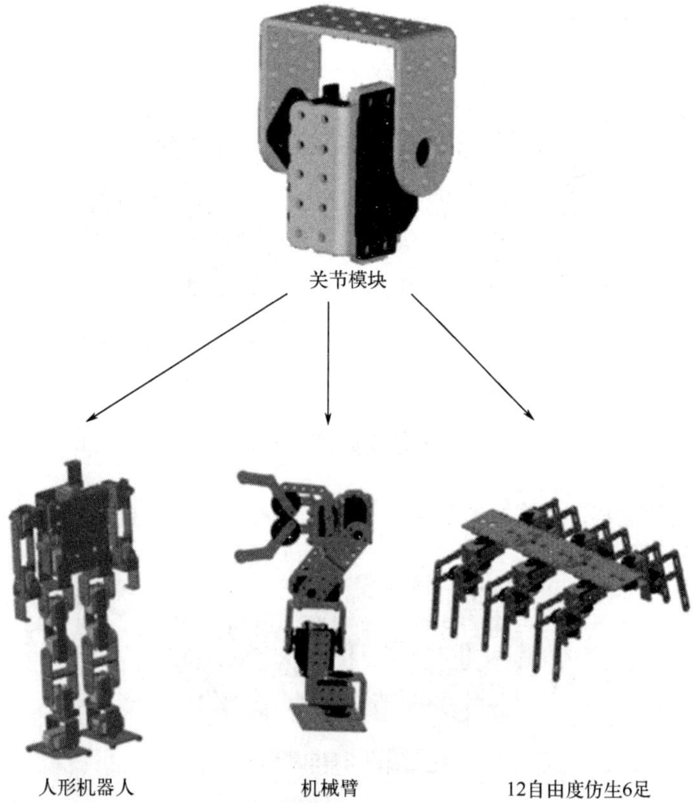

图 3-59　多关节模块

图 3-60　第一步

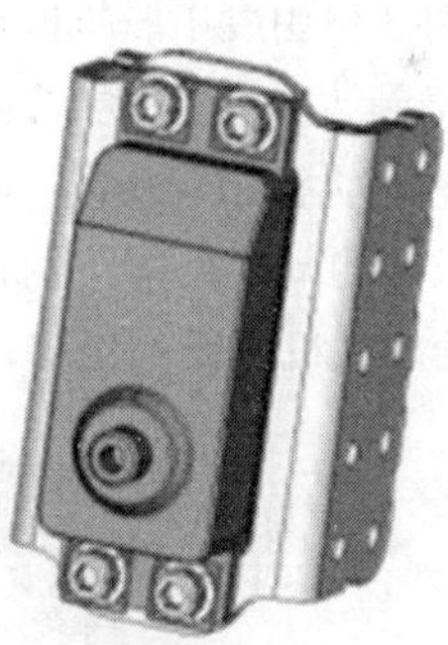

图 3-61　第二步

图 3-62　第三步

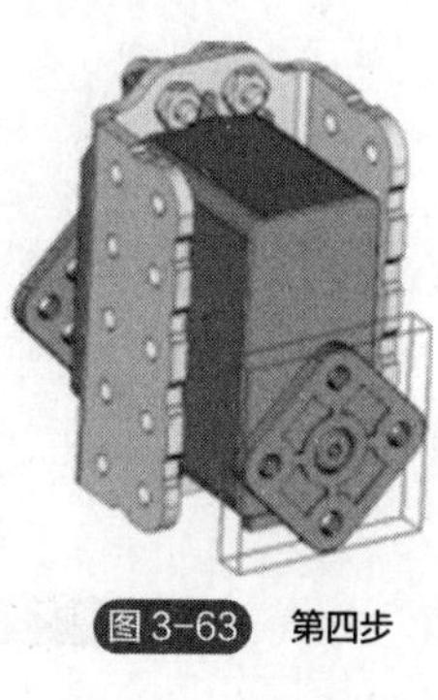

图 3-63　第四步

第五步：找到 1 个 U 形支架、8 个 8mm 螺栓和 8 个螺母，如图 3-64 所示组装。

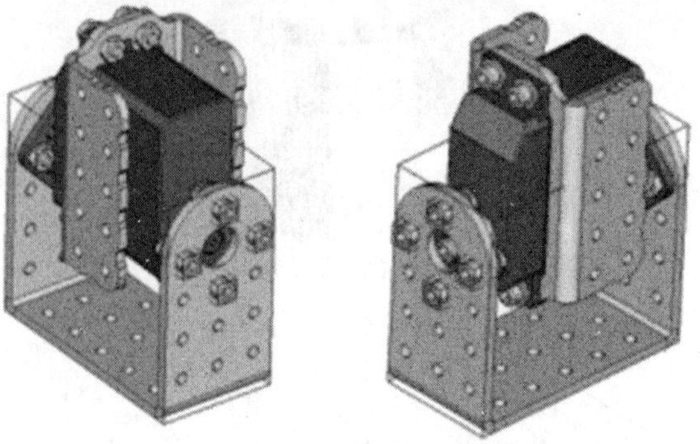

图 3-64 第五步

根据关节模块的组装，尝试参考图 3-65 完成一个 2 自由度云台的组装。

图 3-65 2 自由度云台

3.3.2 3 自由度机械臂逆运动学控制实验

本实验旨在通过对 3 自由度串联机械臂的逆运动学建模与控制，实现机械臂末端执行器对指定空间目标位置的准确到达。学生将学习如何根据末端位置反推出各关节角度（关节空间参数），并编写控制程序使机械臂执行相应动作。通过本实验，学生能够加深对关节驱动与自由度控制的理解，掌握逆运动学求解的基本流程，并提升机械臂系统建模与控制的实践能力。实验步骤如下：

① 完成一个 3 轴串联机械臂的搭建，如图 3-66 所示，测量各个臂关节的长度。

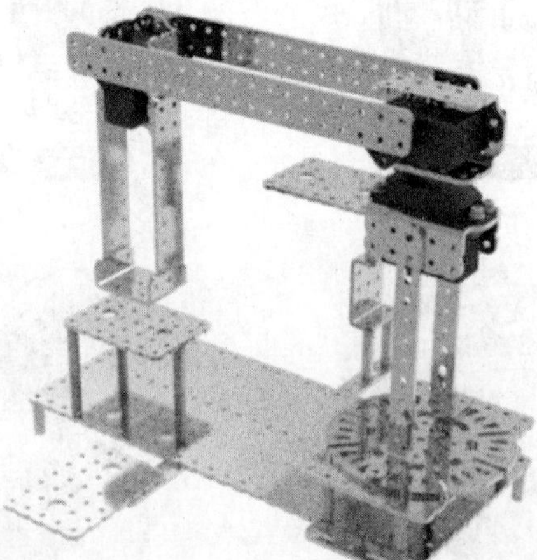

图 3-66 3 轴串联机械臂

② 按图 3-67 进行电路连接，首先对机构的关键部件进行编号。

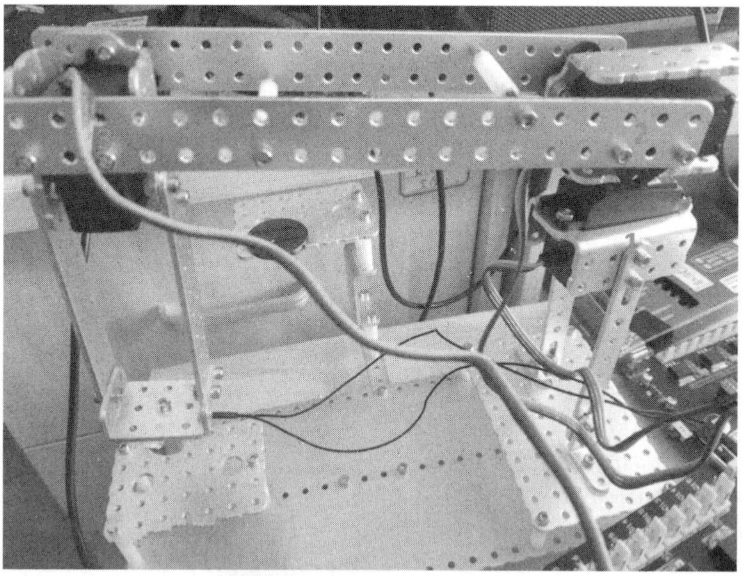

图 3-67　电路连接及关键部件编号

接下来与扩展板进行连接，如图 3-68 所示。

图 3-68　扩展板连接图

相应的引脚编号见表 3-3，这些引脚编号在编程中将用到。

表 3-3　引脚编号

物料编号	触碰传感器	电磁铁	舵机 1	舵机 2	舵机 3
主控板引脚	PA0 PA1	PC4 GND	PE9	PE11	PD13

③ 编写程序并实现功能，参考例程 main.c 代码如下：

```
#include "sys.h"
#include "led.h"
```

```
#include "stdio.h"
#include "delay.h"
#include "usart.h"
#include "stdio.h"
#include "core_cm4.h"
#include "string.h"
#include "stdlib.h"
#include "pwm.h"
#include "timer.h"
#include "math.h"
#include "catch.h"
#include "key.h"
#define PI 3.14
#define L1 160
#define L2 160
#define L3 135
double theta[3] = {0};//存储接收数据
float value_pwm[3] = {0};//存储当前舵机角度
float value_init[3] = {1500, 1500, 1500};  //定义舵机初始角度
float o_value_pwm[3] = {1500, 1500, 1500}; //存储上次舵机角度
float coordinate[3] = {0};
float _coordinate[3] = {0};
float map(double, int, int, int, int);//映射函数
void servo_move(void);//将舵机角度转化为实际 PWM 值
void ang_move(float, float, float, float, float, float);//控制舵机移动
void split(char *src,const char *separator,char **dest,int *num);//字符串拆分
void calculate_position(float coordinate[3]);
int main(void)
{
     u8 rxlen;
     int num;
     char* arm_data[3] = {0};
     NVIC_PriorityGroupConfig(NVIC_PriorityGroup_2); //设置系统中断优先级分组 2
     delay_init(168);                                //初始化延时,168 为 CPU 运行频率
     usart_init(115200);                             //串口初始化
     LED_Init();                                     //初始化 LED 灯
     TIM1_PWM_Init(20000-1, 168-1);
     Catch_Init();
     KEY_Init();
     //设置云台初始状态
     TIM_SetCompare1(TIM1,value_init[0]);
     TIM_SetCompare2(TIM1,value_init[1]);
     TIM_SetCompare3(TIM1,value_init[2]);
     delay_ms(100);
     while(1)
     {
          if(USART_RX_STA&0X8000){                   //接收到一次数据
               rxlen=USART_RX_STA&0X7FFF;            //得到数据长度
               split((char *)USART_RX_BUF, ",", arm_data, &num);
               printf("data0:%s, data1:%s, data2:%s\n", arm_data[0], arm_data[1],
arm_data[2]);
```

```
                for(int i = 0; i < 3; i++){
                    _coordinate[i] = atof(arm_data[i]);
                }
                printf("_coordinate[0]:%.2f, _coordinate[0]:%.2f, _coordinate[0]:%.
2f\n", _coordinate[0], _coordinate[1], _coordinate[2]);
                calculate_position(_coordinate);
                servo_move();
                delay_ms(100);
                for(int i=0;i<USART_REC_LEN;i++){
                     USART_RX_BUF[i]=0;//清空接收 BUF
                }
                USART_RX_STA=0;//启动下一次接收
                USART_RX_BUF[rxlen+1]=0;//自动添加结束符
            }
        }
    }
    void split(char *src,const char *separator,char **dest,int *num)
    {
        char *pNext;
        int count = 0;
        if (src == NULL || strlen(src) == 0)//字符串为空或遇到结束标志
            return;
        if (separator == NULL || strlen(separator) == 0)//分隔符为空
            return;
        pNext = strtok(src,separator);//字符串分割
        while(pNext != NULL) {
            *dest++ = pNext;
            ++count;
            pNext = strtok(NULL,separator);
        }
        *num = count;
    }
    void servo_move(void)
    {
        //将接收的数据从 0~180 转换到 500~2500
        for(int i=0;i<3;i++){
            value_pwm[i] = map(theta[i], 0, 180, 500, 2500);
        }
        //驱动舵机移动到相应的位置
        ang_move(value_pwm[0], value_pwm[1], value_pwm[2], o_value_pwm[0], o_value_pw
m[1], o_value_pwm[2]);
        //将现有舵机角度存储到 o_value_pwm 数组中
        for(int i=0;i<3;i++){
            o_value_pwm[i] = value_pwm[i];
        }
    }
    void ang_move(float pwm1, float pwm2, float pwm3, float pwm4, float pwm5, float p
wm6)
    {
      //驱动舵机移动
        if(pwm1 <= pwm4){
```

```
            for(float i=pwm4; i >= pwm1; i-=10){
                TIM_SetCompare1(TIM1, i);
                delay_ms(40);
            }
        }else{
            for(float i=pwm4; i <= pwm1; i+=10){
                TIM_SetCompare1(TIM1, i);
                delay_ms(40);
            }
        }
        if(pwm2 <= pwm5){
            for(float i=pwm5; i >= pwm2; i-=10){
                TIM_SetCompare2(TIM1, i);
                delay_ms(40);
            }
        }else{
            for(float i=pwm5; i <= pwm2; i+=10){
                TIM_SetCompare2(TIM1, i);
                delay_ms(40);
            }
        }
        if(pwm3 <= pwm6){
            for(float i=pwm6; i >= pwm3; i-=10){
                TIM_SetCompare3(TIM1, i);
                delay_ms(40);
            }
        }else{
            for(float i=pwm6; i <= pwm3; i+=10){
                TIM_SetCompare3(TIM1, i);
                delay_ms(40);
            }
        }
    }
    float map(double data, int a, int b, int c, int d)
    {
        return 500 + data*(d - c)/(b-a);
    }
    void calculate_position(float coordinate[3])
    {
        //三坐标算法
      float a, b, c, posX, posY, posZ, X, Y, Z;
      double theta0, theta1, theta2, th1, th2, th3;
      printf("coordinate[0]:%.2f, coordinate[0]:%.2f, coordinate[0]:%.2f\n", coordina
te[0], coordinate[1], coordinate[2]);
      posX = coordinate[0];
      posY = coordinate[1];
      posZ = coordinate[2];
        X = posX;
        Y = posY;
        Z = posZ;
        if(X < 0){
```

```
            theta0 = atan(posY / fabs(posX));
            theta[0] = 180 - theta0 * 180 / PI;
        }else if(X > 0){
            theta0 = atan(posY / posX);
            theta[0] = theta0 * 180 / PI;
        }else{
            theta[0] = 90;
        }
        a = sqrt(posX*posX + posY*posY);
        if(Z < 0){
            b = fabs(posZ) + L1;
        }else if((Z >= 0) && (Z <= 160)){
            b = L1 - posZ;
        }else if(Z > 160){
            b = posZ - L1;
        }
      c = sqrt(a*a + b*b);
        if(Z <= 160){
            th1 = acos((L2*L2 + c*c - L3*L3) / (2*L2*c));
            th2 = atan(a / b);
            theta1 = th1 + th2;
            theta[1] = theta1 * 180 / PI;
        }else if(Z > 160){
            th1 = acos((L2*L2 + c*c - L3*L3) / (2*L2*c));
            th2 = atan(b /a);
            theta1 = th1 + th2;
            theta[1] = 90 + theta1 * 180 / PI;
        }
        th3 = acos((L3*L3 + L2*L2 - c*c) / (2*L2*L3));
        theta2 = th3;
        theta[2] = 180 - theta2 * 180 / PI;
        printf("theta[0]:%.2f theta[1]:%.2f theta[2]:%.2f\n", theta[0], theta[1], theta[2]);
        printf("-------------------------------------\n");
    }
```

本章小结

本章围绕移动机器人系统的执行机构展开，重点涵盖三个核心模块：抓取机构、转运机构以及关节驱动与自由度控制系统。在抓取机构方面，详细分析了齿轮连杆手爪和舵机平行夹爪的结构特征与工作机理；转运机构部分则深入探讨了直角坐标系机械臂和并联机械臂的构型特点与运动学特性；关节驱动与自由度控制部分，系统阐述了机械臂结构设计的基本方法，并通过 3 自由度机械臂逆运动学控制实验，完整呈现了机械臂运动规划与控制的实现过程。

通过本章内容的学习，读者可以掌握常见抓取与转运机构的基本设计方法，并深入理解机械臂自由度与运动控制之间的内在关联。这些知识为后续开展复杂机器人系统的建模、控制及应用研究奠定了重要基础。

思考题

3-1　齿轮连杆手爪在抓取机构中的结构特点和控制方式有哪些？与电动夹爪相比，它的优劣势体现在哪些方面？

3-2　直角坐标系机械臂在运动控制中通常使用什么样的运动学算法？请简述其正逆运动学的基本思路及其计算优势。

3-3　并联机械臂在结构设计上有哪些典型特征？这些特征对其运动控制和负载能力有什么影响？

3-4　Delta 并联机械臂与 3 自由度串联机械臂在逆运动学控制中有哪些区别？试从结构、算法复杂度和应用场景角度分析。

本书配套资源

第4章

智能系统集成与项目实战

本章知识导图

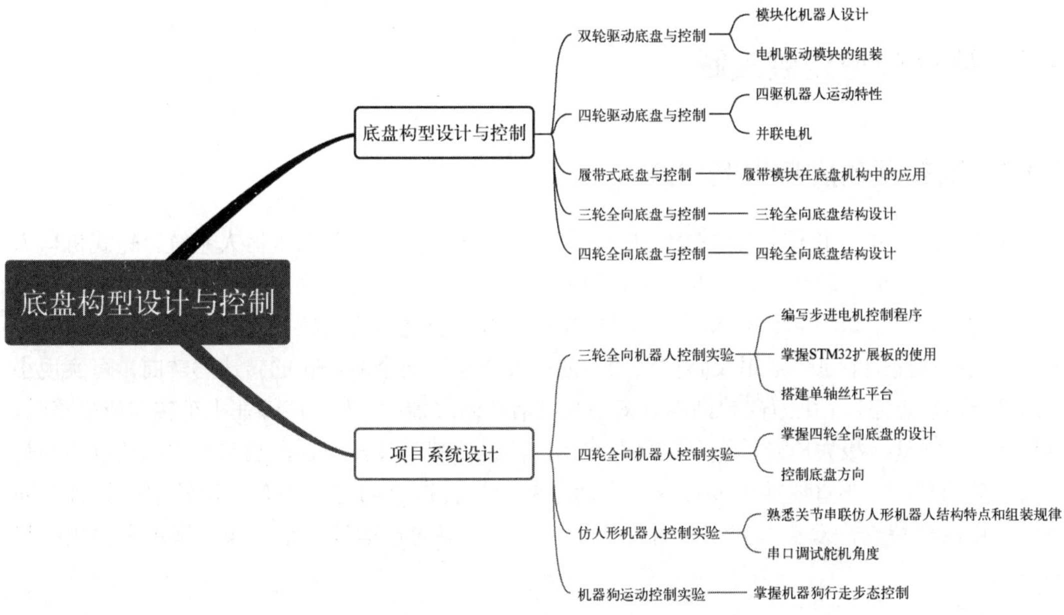

本章学习目标

【知识目标】

1. 掌握双轮驱动、四轮驱动、履带式、三轮全向及四轮全向等多种底盘的结构原理与运动特性。

2. 熟悉模块化机器人设计理念，明确驱动、传动、执行等模块的功能。

3. 熟悉 STM32 主控板和扩展板的使用，了解相关硬件连接和引脚配置，掌握在 Keil5 软件环境下编写步进电机、舵机控制程序及机器人运动功能程序。

4. 知晓串口调试助手的使用，理解舵机角度调试原理。

【能力目标】

1. 能够根据实验要求，正确选择零件并完成各类机器人的组装。

2. 具备独立进行硬件电路连接和配置的能力，确保各部件正常工作。

3. 能够编写、调试和优化机器人控制程序，实现预期的运动和功能。

【素养目标】

1. 培养严谨的工作态度和科学素养，在机器人实践中保持严谨态度，规范操作流程，锻炼逻辑思维与问题分析能力。

2. 培养结构化编程思维，在项目系统设计中，严格遵循代码注释、模块化设计等规范，提升代码可读性与可维护性，形成严谨专业的嵌入式开发习惯。

3. 提升创新实践能力，能够根据机器人底盘与系统设计需求，探索前沿技术，优化现有方案，解决实际工程问题。

4.1 底盘构型组装实践

4.1.1 双轮驱动底盘组装实践

轮式机器人是指采用轮式移动机构作为主要运动方式的自主移动机器人系统。轮式机器人具有高效、灵活的移动特性，主要由执行模块、驱动模块、传动模块以及控制系统组成。

双轮万向小车如图 4-1 所示，其运动机制基于双轮驱动与万向轮辅助的协同工作模式。两个驱动轮负责提供前进、后退及转向动力，通过独立控制两个驱动轮的转速与转向，可实现小车的多种运动姿态；牛眼万向轮则起到支撑与灵活转向的辅助作用，能够在小车转向或平移时，沿任意方向滚动，极大提升了小车在复杂空间内的机动性。具体而言，当两个驱动轮以相同转速同向转动时，小车直线前进或后退；当两个驱动轮转速不同时，小车实现转向；配合万向轮的自由滚动特性，双轮万向小车可完成横向平移、斜向移动等复杂动作，满足多样化的移动需求。

图 4-1 双轮万向小车

组装双轮万向小车需准备以下零件：

驱动组件：2 个电机驱动轮模块作为小车的动力输出单元，每个模块包含电机、轮子及相关传动部件。

辅助移动组件：1 个牛眼万向轮模块，具备 360° 自由转动能力，为小车提供灵活转向性能。

支撑组件：1 块 7×11 孔平板 J04，作为各模块的安装载体，为小车提供结构支撑。

连接组件：6mm 螺栓 F306、2 个 30mm 长的螺柱 Z30，用于组装牛眼万向轮模块；2 个 8mm 的螺栓 F308，以及若干其他规格的螺栓、螺母，用于将各模块固定在底板上。

组装双轮万向小车步骤如下：

第一步（图 4-2）：组装两个互相对称的电机驱动轮模块。

第二步（图 4-3）：选择 6mm 螺栓 F306 将两个 30mm 长的螺柱 Z30 与牛眼万向轮组装在一起。

图 4-2　第一步

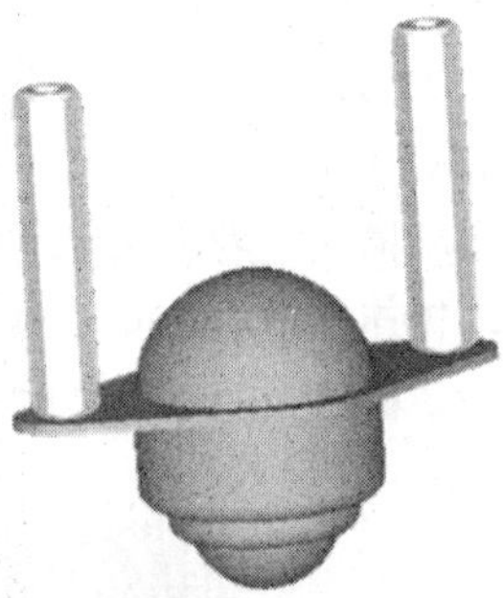

图 4-3　第二步

第三步（图 4-4）：选择一块 7×11 的孔平板 J04，在边缘位置找到图中对应的孔位，利用 2 个 8mm 的螺栓 F308 固定一个驱动轮模块。

第四步（图 4-5）：在平板对称位置再固定一个橡胶轮模块。

图 4-4　第三步

图 4-5　第四步

第五步（图 4-6）：在平板的边缘中心位置选择合适的孔位将万向轮模块组装完成。

图 4-6　第五步

注意：本方案仅为双轮万向小车的一种实现形式，基于差速驱动原理，可通过不同结构配置实现多种组装及运动模式。

4.1.2 四轮驱动底盘组装实践

四轮驱动底盘是移动机器人常用的驱动结构之一，采用四个独立驱动的轮式模块构成动力系统。相较于双轮驱动结构，四轮驱动在结构特性上具有以下显著特点：采用对称式布局，四个驱动轮均匀分布在底盘四周；每个驱动轮模块包含电机、减速机构和轮毂等组件；具备机械冗余设计，即使单个驱动轮失效仍能保持基本运动能力。

四驱机器人 022_4×4s car_4m 采用四轮独立驱动架构，其结构设计具有显著特点。如图 4-7 所示，该机器人由四个驱动轮模块组成，其中两个冗余驱动轮的设计不仅增强了整体结构的稳定性，还显著提升了动力输出性能。相较于传统驱动结构，这种设计使机器人在相同负载条件下能够获得更高的运行速度。在运动控制方面，该机器人能够实现前进、后退、左右转向以及原地旋转等多种运动模式。为确保运动稳定性，控制系统采用同侧轮组并联方案，通过两根 1 拖 2 扩展线将驱动轮连接至 Bigfish 控制器，这种设计有效避免了因单侧轮组转速差异导致的运动偏差，从而保证了机器人的运动精度和可靠性。

图 4-7　四驱机器人 022_4×4s car_4m

组装四轮驱动机器人需先组装一个随动轮模块，如图 4-8 所示，组装步骤如下：

图 4-8　随动轮模块

第一步（图 4-9）：翻转联轴器。

第二步（图 4-10）：将 4 颗 F316、4 颗螺母，卡在轮辐上。

图 4-9　第一步

图 4-10　第二步

第三步（图 4-11）：用长螺栓和套管穿过中间的孔与其他零件铰接。

第四步（图 4-12）：组装完成。

图 4-11　第三步

图 4-12　第四步

随动轮模块组装完成后，开始安装电机。将其电机输出轴与对应的白色连接块进行连接，为确保连接紧密，可适当使用螺栓固定，以避免电机运行时产生偏摆。将连接好的驱动轮组件与底盘上对应的安装孔位对齐，用螺栓从底盘下方穿过孔位，拧入驱动轮组件的螺孔中，拧紧螺栓，使驱动轮稳固安装在底盘上。

按照同样的方法，依次将四个驱动轮模块安装在底盘的四个角位置，确保安装位置准确，四个驱动轮处于同一平面，且转动灵活无卡顿。

4.1.3 履带式底盘组装实践

履带机器人是一种采用连续履带传动系统的移动平台，通过履带将动力装置的扭矩传递至驱动轮和随动轮，实现多轮协同驱动。该系统的核心结构由金属或橡胶履带板、铰接机构和防滑纹路组成，采用模块化设计使履带长度可在±20%范围内调整，并配备承重轮组、导向轮和张紧调节机构等辅助组件，同时模块化设计也保证了系统的维护便捷性和任务适配性。

履带机器人展现出显著的地形适应优势，运动能力更强，爬坡、翻越障碍的能力更强。模块化设计的可拆卸履带片支持用户根据实际需求灵活调整履带长度和构型，实现定制化的履带配置。履带车 026a 如图 4-13 所示，该设计可满足模型底盘和小型工程机械等轻载工况需求。在实际工程中，需要增加更多的带轮、承重轮或者张紧轮，或者更换履带材质。

图 4-13 履带车 026a

履带车的核心模块——履带模块组装方式如图 4-14 所示。

图 4-14 履带模块组装方式

将履带模块安装于一个自制的架子上，通过增加或减少履带片，改变履带的长度，或调节履带的松紧度。记录松紧度最佳时的履带片数量和带轮的圆心孔距。

实际安装完成的迷你履带车 026b 如图 4-15 所示。

图 4-15　迷你履带车 026b

4.1.4　四轮全向底盘组装实践

四轮全向底盘采用全向福来轮作为执行轮，全向福来轮由主轮和副轮垂直分布组成。其结构如图 4-16 所示，通过轮体表面斜向滚子的协同作用实现全向运动。

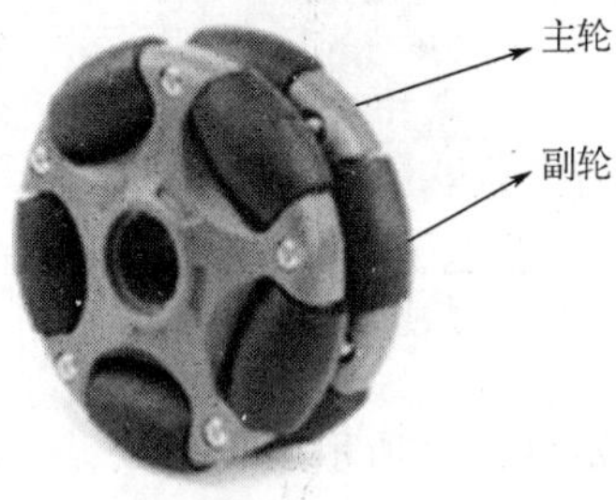

图 4-16　全向福来轮

底盘布局支持两种典型模式：第一种，正方形对称布局，四轮呈正方形分布，各轮体轴线与底盘边线成 45° 夹角，通过矢量合成实现平面内任意方向的平移及旋转；第二种，顶点正交布局，四轮分布于底盘四顶点，相邻轮体轴线垂直排布，适用于空间受限场景，可减少运动干涉。两种布局如图 4-17 所示。

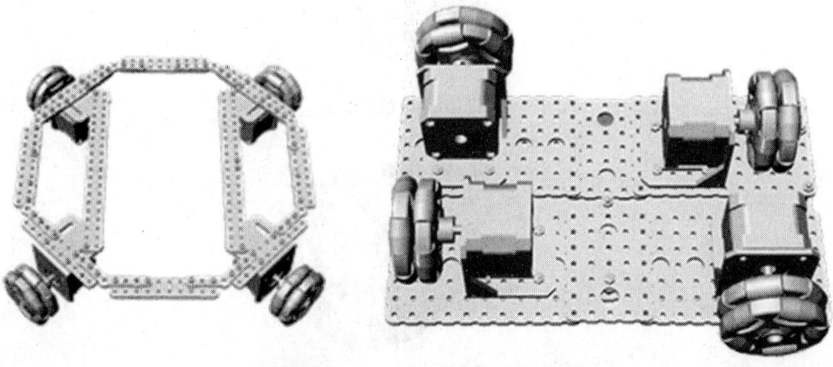

图 4-17　全向福来轮两种底盘布局

组装四轮全向底盘，以正方形对称布局底盘为例。需准备全向福来轮×4，福来轮联轴器×4，步进电机×4，步进电机支架×4，机械手指×8，平板 10×8，平板 20×2，螺栓螺母若干。其组装步骤如下：

第一步：选择 1 个步进电机和 1 个步进电机支架，将两个零件如图 4-18 所示配合，并且使用螺栓螺母完成装配。

第二步：找到福来轮联轴器，把联轴器的盖用十字螺丝刀拧下，剩下联轴器座进行如图 4-19 所示安装。

图 4-18 第一步

图 4-19 第二步

第三步：用 1 个全向福来轮如图 4-20 所示组装。

第四步：将福来轮联轴器盖扣在全向福来轮上，用螺栓锁死完成模块组装，如图 4-21 所示。

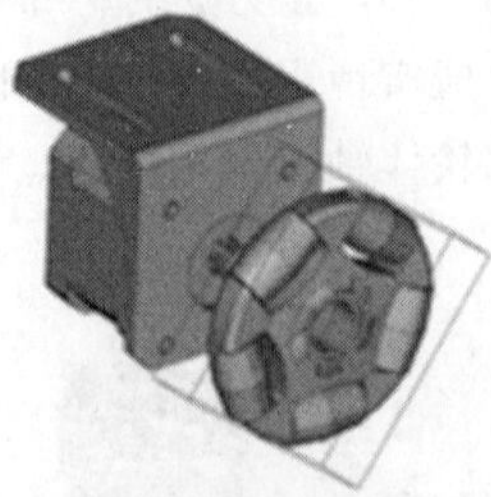

图 4-20 第三步

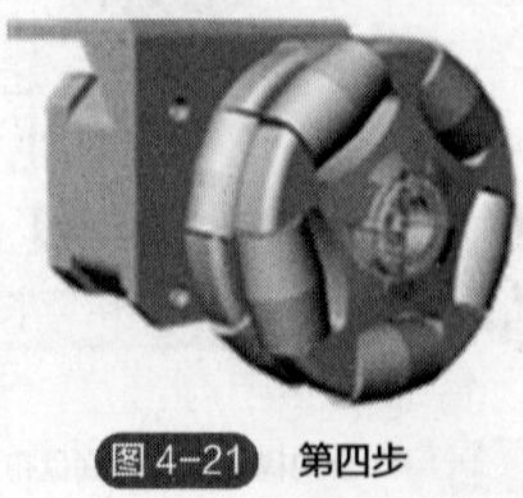

图 4-21 第四步

4.1.5　三轮全向底盘与控制

全向底盘具有结构简单、运动灵活等特点。三轮全向底盘采用全向福来轮作为执行轮，三个轮呈正三角形分布，如图 4-22 所示。

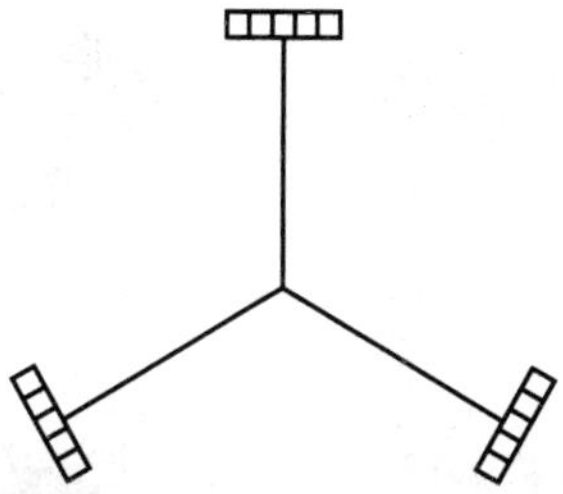

图 4-22　三轮全向福来轮底盘简图

全向福来轮底盘的一个特点是可以灵活地全向移动，全向福来轮的全向移动需要三个轮之间的相互配合，基于等边三角形对称布局，通过伺服系统的协同调速与矢量合成，能够在平面上实现任意方向的平移、旋转等运动。

基于三轮全向底盘绘制图形有两种模式：第一种是自主选择模式（即通过按下开关进行模式的选择），第二种是上位机模式（即通过上位机发送坐标来完成绘制）。本部分重点阐述自主选择模式。

三轮全向福来轮底盘组装过程参考四轮全向福来轮，在此不赘述。组装完成的三轮全向底盘如图 4-23 所示。

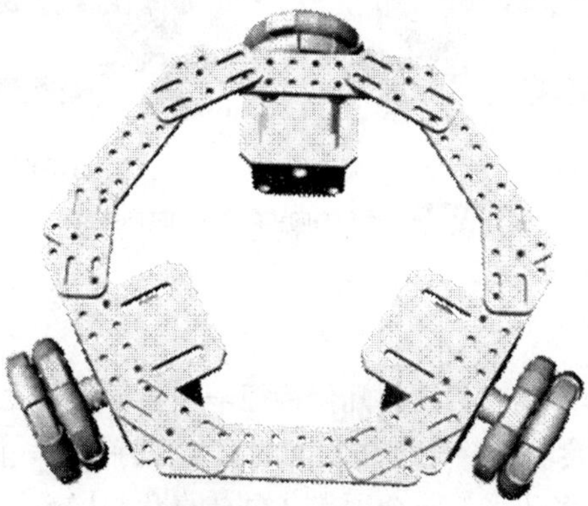

图 4-23　三轮全向底盘

4.2　机器人控制实验

4.2.1　四轮全向机器人控制实验

为了掌握四轮全向机器人中全向轮的协同运动机理、底盘的全向机动特性，以及其相较于传统四轮差速机构的灵活性与运动冗余优势，通过解析福来轮的辊轴分布与运动学耦合关系，学习如何根据底盘的平面运动目标（*X* 向平移、*Y* 向平移及绕中心自旋）求解各驱动轮的转速矢量，构建基于轮组空间对称性的逆运动学控制模型。运用模型设计轨迹规划算法，通过 Keil5

编写实时控制程序，实现底盘的多自由度平滑运动（前进、后退、横向平移、斜向移动及原地旋转），并通过融合步进电机编码器反馈与惯性测量单元（IMU）数据验证运动学解算的准确性。

全向福来轮底盘的一个特点是可以灵活地全向移动，四轮全向轮的全向移动需要四个轮的相互配合，运动方向和各个轮的转向关系如图 4-24 所示（箭头方向表示轮或车的运动方向）。

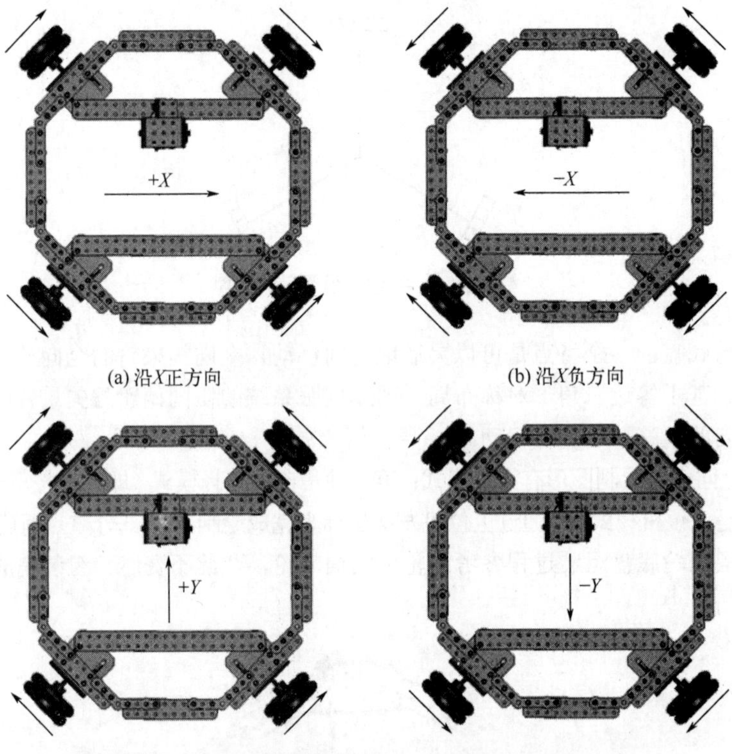

图 4-24 运动方向和各个轮的转向关系

（1）多边形绘制算法

正六边形与其他正多边形具有相同的几何特征——各顶角角度相等，且所有外角为 360°/n（n 为边数）。基于这种等角度特性，相邻边之间的夹角保持恒定，因此可采用如下算法。

该算法的思路是：先以多边形的一个顶点 A 创建直角坐标系，然后确定相邻一条边上另一个顶点 B 的坐标，利用插补法完成一条边的绘制，然后再以顶点 B 为原点创建一个直角坐标系，继续绘制下一条边，重复上面的流程，完成多边形绘制。通过这种方法，只需要知道多边形的边长和边数就可以完成任意正多边形的绘制。

（2）多边形计算公式

$$X = \cos\frac{2\pi n}{m} \times L \tag{4-1}$$

$$Y = \sin\frac{2\pi n}{m} \times L \tag{4-2}$$

式中　n——循环中绘制的第几条边，为 0～（m−1）；

m——总边数；

L——边长。

备注：坐标系原点为上一笔的终点，坐标系方向不变。

接下来是四轮全向机器人样机平台的搭建。首先，对机构的关键部件进行编号，如图 4-25 所示。

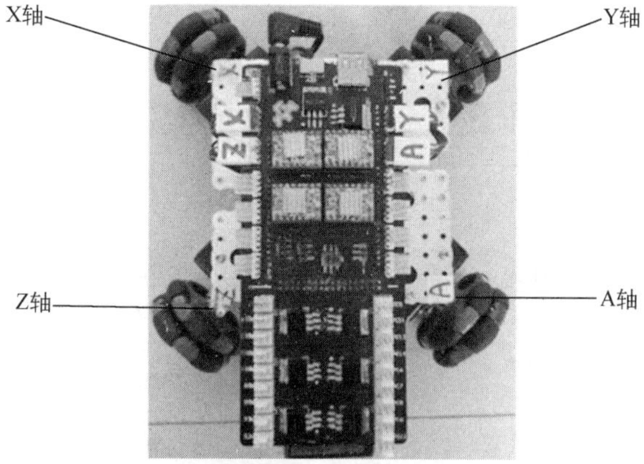

图 4-25　组装参考图

然后，进行电路连接，物料与引脚对应关系如表 4-1 所示。

表 4-1　物料与引脚对应关系

物料	扩展板引脚号
步进电机(X 轴)	PD9 PD8
步进电机(Y 轴)	PE2 PE1
步进电机(Z 轴)	PD11 PD10
步进电机(A 轴)	PE4 PE3

将相关物料接在扩展板上，具体的参考连接如图 4-26 所示。

图 4-26　参考连接图

四轮全向机器人控制实验功能：机器人能够完成前进、后退、转向、平移、原地旋转动作，也可以按需绘制相应图形。以下为实现机器人基础运动功能的参考例程，主要包含前进、后退和平移等动作。

```
#include "sys.h"
#include "led.h"
#include "a4988.h"
#include "pwm.h"
#include "math.h"

#define PI 3.14

void Put_Up(void);                          //落笔函数
void Put_Down(void);                        //抬笔函数
void draw_sexangle(void);                   //画正六边形函数
void drawLine(float x1, float y1);          //直线插补函数

float Xmin = -60;                           //定义绘图范围
float Xmax = 60;
float Ymin = -60;
float Ymax = 60;

float Xpos = 0;
float Ypos = 0;
float l = 60;                               //边长
const int stepsPerRevolution = 3200;        //步进电机步数
int step_test = 8000;
int step_test1 = 6000;

int main(void)
{
    delay_init(168);                        //初始化延时，168 为 CPU 运行频率
    TIM4_PWM_Init(20000 - 1, 84 - 1);
    Stepper_Motor_Init(0);                  //步进电机初始化
    while (1)
    {
        All_stepper_move(step test, -step test, step_test, -step_test); dela  y_ms
(500);  //前进
        All_stepper_move(-step_test, step_test, -step_test, step_test); dela y_ms(
500);  //后退

        All_stepper_move(-step_test, -step_test, -step_test, -step_test); dela y_m
s(500);  //左转
        All_stepper_move(step_test, step_test, step_test, step_test); dela y_ms(50
0);  //右转

        All_stepper_move(-step_test, -step_test, step_test, step_test); dela y_ms(
500);  //左平移
        All_stepper_move(step_test, step_test, -step_test, -step_test); dela y_ms(
500);  //右平移
        //move_test();
```

```
        while (1) {
        }
}
```

4.2.2 三轮全向机器人控制实验

三轮全向机器人是一种基于全向轮设计的移动机器人，其典型结构采用三轮 120° 对称分布布局（例如 2 个全向轮搭配 1 个万向轮或 3 个全向轮组合），能够实现平面内的全向运动（沿 *X*/*Y* 轴平移及绕中心自旋），其独特设计使其在狭小空间与复杂环境中表现卓越。相较于四轮全向机器人，其机械结构更为简单轻便，成本较低，适合轻负载场景（如教育机器人或小型巡检设备）。

三轮全向福来轮底盘运动简图如图 4-27 所示（横线表示该轮静止，箭头方向为轮转动方向）。

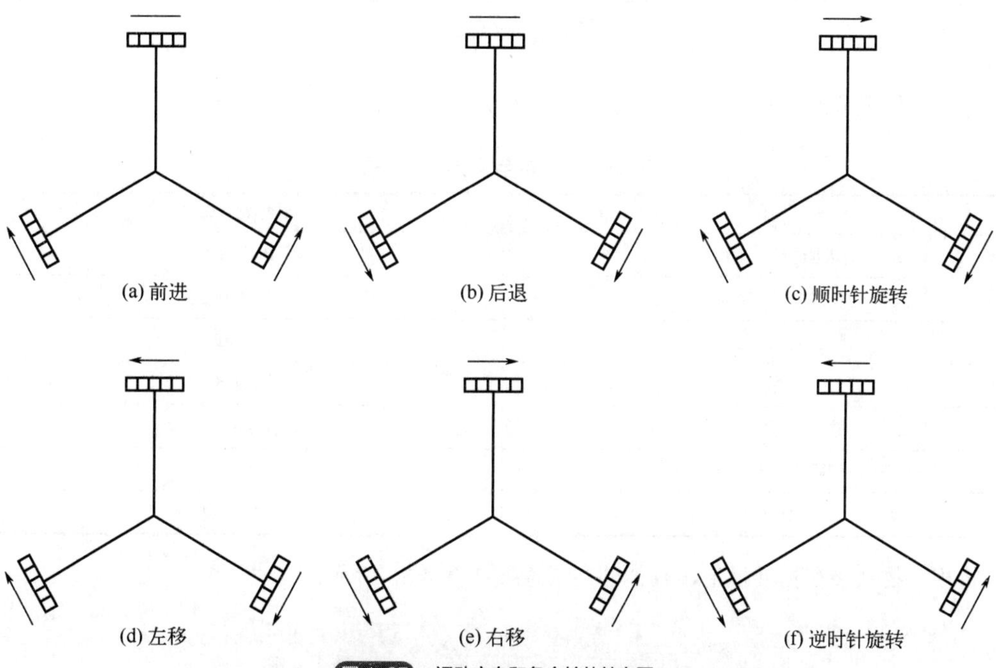

图 4-27 运动方向和各个轮的转向图

三轮全向机器人样机平台的搭建如图 4-28 所示。

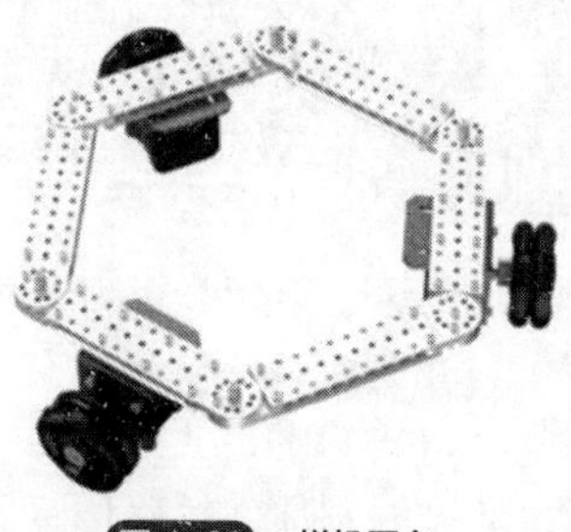

图 4-28 样机平台

实际硬件组装参考图，如图 4-29 所示。

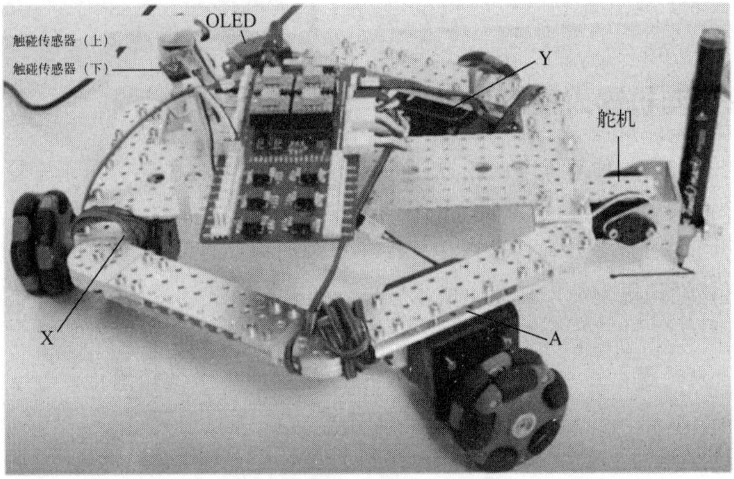

图 4-29 组装参考图

完成硬件组装后进行电路连接，物料与引脚对应关系如表 4-2 所示。

表 4-2 物料与引脚对应关系

物料	扩展板引脚号
步进电机（X 轴）	PD9 PD8
步进电机（Y 轴）	PE2 PE1
步进电机（A 轴）	PE4 PE3
舵机	PD15
触碰传感器（上）	PA1
触碰传感器（下）	PA3
OLED	PA6 PA7

将相关物料接在扩展板上，具体的参考连接如图 4-30 所示。

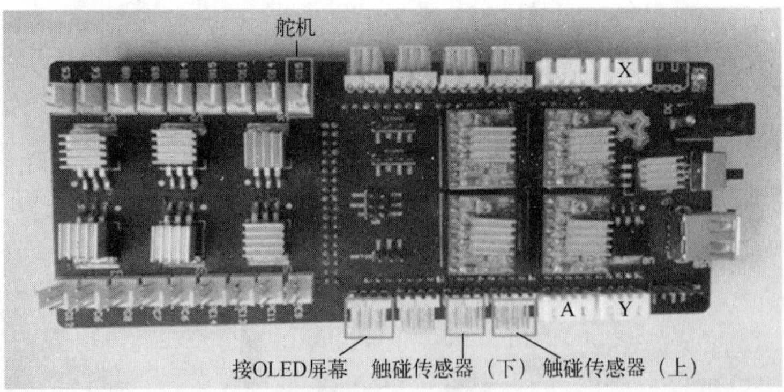

图 4-30 参考连接图

三轮全向机器人控制实验功能：通过触发顶部触碰传感器，可在显示屏界面切换至预设功能模式（包含正弦曲线、三角波、矩形波及三叶玫瑰线选项）；触发底部触碰传感器后，系统将依据当前选定模式执行相应图形的绘制任务，所支持的标准图形类别及参数配置详见表 4-3。

表 4-3　绘制图形列表

参数	绘制的图形
sin	正弦曲线
Triangle	三角形
Rect	矩形
ThreeLeaf	三叶草

参考例程如下：

```
#include "sys.h"
#include "led.h"
#include "usart.h"
#include "delay.h"
#include "math.h"
#include "stdio.h"
#include "string.h"
#include "stdlib.h"
#include "a4988.h"
#include "pwm.h"
#include "key.h"
#include "oled.h"
#include "stdbool.h"
int main(void)
{
    NVIC_PriorityGroupConfig(NVIC_PriorityGroup_2);  //设置系统中断优先级分组 2
    delay_init(168);                  //初始化延时，168 为 CPU 运行频率
    usart_init(9600);                 //串口初始化
    usart3_init(9600);
    LED_Init();                       //LED 灯初始化
    Stepper_Motor_Init(0);            //步进电机引脚初始化
    //按键初始化
    KEY_Init();
    OLED_Init(1);                     //初始化 OLED 显示屏
    delay_ms(1000);
    TIM4_PWM_Init(20000 - 1, 84 - 1);
    Put_Up(); delay_ms(1500);         //抬笔
    int receive_touch[2] = { 0,0 }; //存储按下触碰传感器的返回值
    bool Flags_draw = false;          //绘图标志

    OLED_Clear(); //OLED 清屏
    OLED_ShowString(30, 3, (unsigned char*)"Wait...", 16);  //显示 Wait...
    //触碰传感器(上)按下的次数用于判断绘图类型
    //触碰传感器(下)被按下，代表开始绘图
    while (1)
    {
        //如果触碰传感器(上)被按下
        if (touch_keys(1) == 1)
```

```
            delay_ms(350);
        receive_touch[0] += 1; //receive_touch[0]按键数加 1
        Flags_draw = false;     //绘图标志为 false
    }
    //如果触碰传感器(下)被按下
    if (touch_keys(2) == 1)
    {
        if (Flags_draw)
        {
            receive_touch[1] = 0;
        }
        else
        {
            delay_ms(350);
            receive_touch[1] = 1;
        }
    }

    //如果触碰传感器(上)被按下 1 次且触碰传感器(下)被按下，画 sin 曲线
    if (receive_touch[0] == 1) {
        //printf("data:%d",receive_touch[0]);
        OLED_clear();
        OLED_ShowString(0, 0, (unsigned char*)"Sin", 16);
        if (receive_touch[1] == 1)
        {
            OLED_Clear();
            OLED_ShowString(0, 0, (unsigned char*)"Sin", 16);
            OLED_ShowString(0, 4, (unsigned char*)"Start", 16);
            receive_touch[1] = 0; delay_ms(1000);
            Put_Down(); delay_ms(1000);        //落笔，开始绘图 drawsin()
            Put_Up(); delay_ms(1000);          //抬笔
        }
    }
    //如果触碰传感器(上)被按下 2 次且触碰传感器(下)被按下，画 Triangle
    if (receive_touch[0] == 2) {
        //printf("data:%d",receive_touch[0]);
        OLED_clear();
        OLED_ShowString(0, 0, (unsigned char*)"Triangle", 16);
        if (receive_touch[1] == 1)
            OLED_Clear();
        OLED_ShowString(0, 0, (unsigned char*)"Triangle", 16);
        OLED_ShowString(0, 4, (unsigned char*)"Start", 16);
        receive_touch[1] = 0;
        Put_Down(); delay_ms(1000); drawTriangle();
        Put_Up(); delay_ms(1000);
    }
    //如果触碰传感器(上)被按下 3 次，且触碰传感器(下)被按下，画 Rect
    if (receive_touch[0] == 3) {
        //printf("data:%d",receive_touch[0]);
        OLED_clear();
        OLED_ShowString(0, 0, (unsigned char*)"Rect", 16);
```

```
            if (receive_touch[1] == 1)
                OLED_clear();
            OLED_ShowString(0, 0, (unsigned char*)"Rect", 16);  OLED_ShowString(0, 4,
(unsigned char*)"Start", 16);
            receive_touch[1] = 0;
            Put_Down(); delay_ms(1000); drawRect();
            Put_Up(); delay_ms(1000);
        }

        //如果触碰传感器(上)被按下 4 次，且触碰传感器(下)被按下，画 ThreeLeaf
        if (receive_touch[0] == 4) {
            OLED_clear();
            OLED_ShowString(0, 0, (unsigned char*)"ThreeLeaf", 16);
            if (receive_touch[1] == 1)
            {
                OLED_clear();
                OLED_ShowString(0, 0, (unsigned char*)"ThreeLeaf", 16);

                OLED_ShowString(0, 4, (unsigned char*)"Start", 16);
                receive_touch[1] = 0;
                //Put_Down();delay_ms(1000);
                drawThreeLeaf();
                Put_Up(); delay_ms(1000);
            }
        }
        //如果触碰传感器(上)被按下 5 次，结束画线
        if (receive_touch[0] == 5) {
            OLED_Clear();
            OLED_ShowString(8, 3, (unsigned char*)"Draw Line End", 16); receive_touch[
0] = 0;
            receive_touch[1] = 0;
            Flags_draw = true;
        }
    }
```

运行效果如图 4-31 所示。

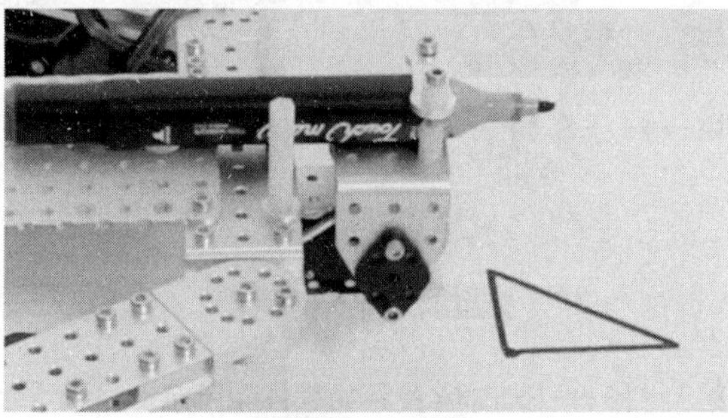

图 4-31 运行效果

4.2.3 仿人形机器人控制实验

仿人形机器人是以人类形态为蓝本的智能机器人，通过多自由度关节（如髋、膝、腕等）、

仿生双足结构及集成化感知系统（视觉、触觉、惯性导航），实现类人行走、抓取及环境交互功能。本节重点阐述6自由度双足步行机器人，如图4-32所示。6自由度双足步行机器人是一种仿人形移动平台，每条腿配置3个关节自由度（典型组合为髋关节俯仰/横滚、膝关节俯仰及踝关节俯仰），通过舵机或伺服电机驱动轻量化铝合金/碳纤维骨架，实现基础双足行走、转向及静态平衡。该机型结构简单、成本可控，是仿人形机器人开发的入门优选，未来可通过柔性关节或实时步态优化算法提升性能。

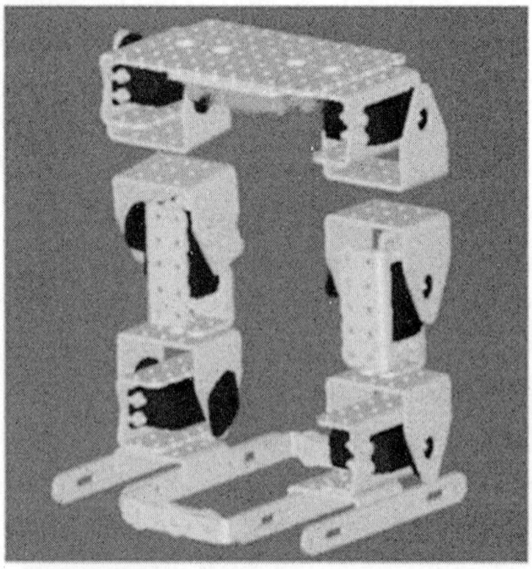

图4-32 6自由度双足步行机器人

6自由度双足步行机器人硬件组装参考图如图4-33所示，首先对双足的舵机进行编号。

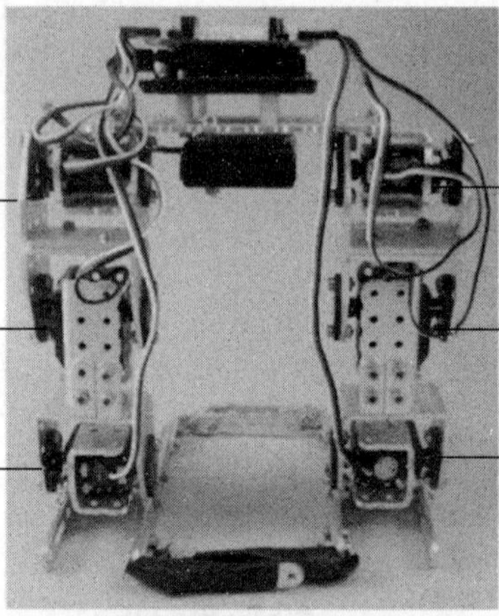

图4-33 组装参考图

随后，进行电路连接，物料与引脚对应关系如表4-4所示。

表4-4 物料与引脚对应关系

物料	引脚号
舵机0	PB15
舵机1	PB14

续表

物料	引脚号
舵机 2	PB9
舵机 3	PB8
舵机 4	PE6
舵机 5	PE5

将相关物料接在扩展板上，具体的参考连接如图 4-34 所示。

图 4-34　连接参考图

6 自由度双足步行机器人控制实验功能：通过串口调试工具动态调整双足机器人步态参数。

第一步：程序烧录，下载预置调试程序至主控板。

第二步：串口调试配置，打开串口调试助手 sscom5.13.1，设置并发送指令进行调试。操作如下：

首先，打开 sscom5.13.1, 进行串口设置，端口号和波特率要设置正确。然后，点击“打开串口”。下面是测试时的端口号、波特率：

接着，把 DTR 和回车换行勾上（发送不了命令时要检查一下这两个有没有错）。

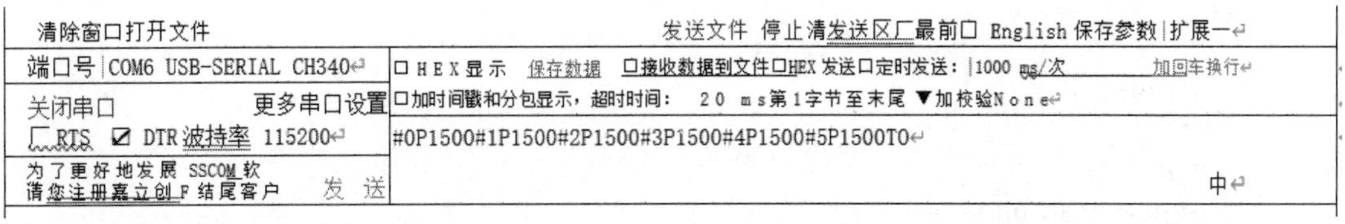

最后，点击“扩展”，会显示添加命令窗口，如图 4-35 所示。设置命令后发送即可。

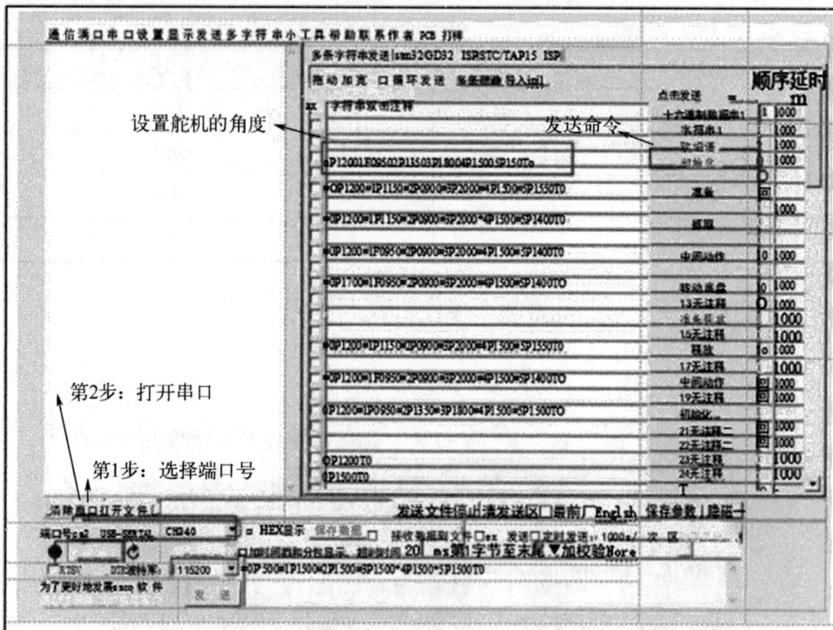

其中，#0P1200#1P0950#2P1350#3P1800#4P1500#5P 1550T0的含义是：

#0P1200:#是分隔符；P代表pwm；1200为舵机的pwm值；依次类推即可。

T0：代表时间，默认即可。

图 4-35　添加命令窗口

参考例程如下：

```
#include "sys.h"
#include "led.h"
#include "pwm.h"
#include "stdio.h"
#include "string.h"
#include "time.h"
#include "stdlib.h"

void split(char* src, const char* separator, char** dest, int* num);//字符串拆分函数
void Steering_Gear_Angle(u8 num, u16 ang);//时间最少20ms，控制舵机移动
void mysplite(char* src, char** p, const char* separator, const char* separator1, int* num);   //字符串拆分函数
void buf_init(void);   //清空接收数组

char* pwm[30];
char* tim[2] = { 0 };

int main(void)
{
    u8 rxlen;
    int num = 0, num1 = 0;
    delay_init(168);          //初始化延时，168为CPU运行频率
    uart_init(115200);        //串口初始化
```

```
    LED_Init();                    //初始化 LED 灯
    TIM12_PWM_Init(20000 - 1, 84 - 1);
    TIM11_PWM_Init(20000 - 1, 168 - 1);
    TIM10_PWM_Init(20000 - 1, 168 - 1);
    TIM9_PWM_Init(20000 - 1, 168 - 1);
    //42M/42=1MHz 的计数频率，重装载值为 20000,所以 PWM 频率为 1M/20000=50Hz
    while (1)
    {
        if (USART_RX_STA & OX8000) {          //接收到一次数据
            rxlen = USART_RX_STA & OX7FFF;   //得到数据长度
            delay_ms(1000);
            mysplite((char*)USART_RX_BUF, pwm, "#", "P", &num);
            split((char*)pwm[num - 1], "T", tim, &num1);
            for (int i = 0; i < num; i += 2) {
                Steering_Gear_Angle(atoi(pwm[i]), atoi(pwm[i + 1]));
            }
            buf_init();
            USART_RX_STA = 0;           //启动下一次接收
            USART_RX_BUF[rxlen + 1] = 0;             //自动添加结束符
        }
    }
}

void buf_init(void)
{
    for (int i = 0; i < 20; i++) {
        pwm[i] = 0;
    }
    for (int i = 0; i < 2; i++) {
        tim[i] = 0;
    }
    for (int i = 0; i < USART_REC_LEN; i++) {
        USART_RX_BUF[i] = 0;
    }
}

void mysplite(char* buffer, char** p, const char* separator, const char* separator1,
int* num)
{
    int in = 0;
    char* buf = buffer;
    char* outer_ptr = NULL;
    char* inner_ptr = NULL;
    while ((p[in] = strtok_r(buf, separator, &outer_ptr)) != NULL)
    {
        buf = p[in];
        while ((p[in] = strtok_r(buf, separator1, &inner_ptr)) != NULL)
        {
            in++;
```

```
            buf = NULL;
        }
        buf = NULL;
    }
    p[in] = strtok(p[in], "T");
    *num = in;
}

void split(char* src, const char* separator, char** dest, int* num)
{
    char* pNext;
    int count = 0;
    if (src == NULL || strlen(src) == 0)
        return;
    if (separator == NULL || strlen(separator) == 0)
        return;
    pNext = strtok(src, separator);
    while (pNext != NULL) {
        *dest++ = pNext;
        ++count;
        pNext = strtok(NULL, separator);
    }
    *num = count;
}

void Steering_Gear_Angle(u8 num, u16 ang)
{
    switch (num) {
        case 0:
            TIM_SetCompare2(TIM12, ang);//修改比较值，修改占空比
            break;
        case 1:
            TIM_SetCompare1(TIM12, ang);//修改比较值，修改占空比
            break;
        case 2:
            TIM_SetCompare1(TIM11, ang);//修改比较值，修改占空比
            break;
        case 3:
            TIM_SetCompare1(TIM10, ang);//修改比较值，修改占空比
            break;
        case 4:
            TIM_SetCompare2(TIM9, ang);//修改比较值，修改占空比
            break;
        case 5:
            TIM_SetCompare1(TIM9, ang);//修改比较值，修改占空比
            break;
        default:
            break;
    }
    delay_ms(100);
}
```

4.2.4　机器狗运动控制实验

机器狗是一种四足仿生机器人，通过多关节电机驱动与动态平衡算法，可模拟犬类步态（如小跑、踱步、跳跃），实现复杂地形适应（如爬楼梯、跨越障碍）。其运动控制系统融合 IMU（惯性测量单元）、深度视觉（如 LiDAR 或 RGB-D 相机）及足端力传感器数据，实时调整步态参数以维持稳定，支持自主避障、SLAM 建图及远程操控。相较于轮式或双足机器人，四足结构兼具高稳定性与灵活越障能力。组装完成的机器狗如图 4-36 所示。

图 4-36　机器狗

机器狗运动控制实验功能：基于上位机-下位机协同架构，实现 8 自由度机器狗的步态控制。具体步骤如下：

第一步：通过上位机 Controller 软件调整狗的舵机角度。记录行走时舵机的角度；利用 Keil IDE 进行下位机编程，基于舵机的旋转角度，实现预期效果。

第二步：调试狗的舵机角度。对于 8 自由度的狗，利用 Controller 软件进行角度调试，界面如图 4-37 所示。

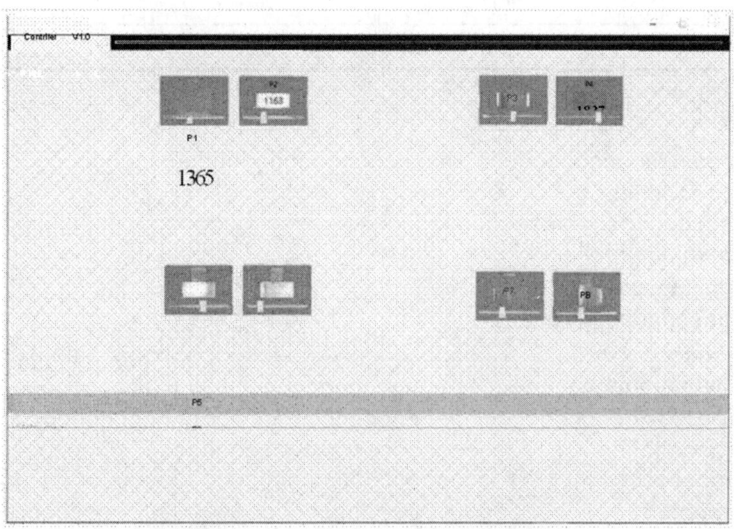

图 4-37　调试机器狗舵机角度的上位机界面截图

经调试后，四足机器人各运动步态对应的舵机角度参数如表 4-5 所示。

表 4-5　调试后的舵机角度值

功能	舵机角度值
前进	80,85,110,90,80,90,115,90

第三步：进行下位机编程。基于上位机采集的舵机角度参数完成下位机运动控制程序开发。机器狗整体装配效果如图 4-38 所示。

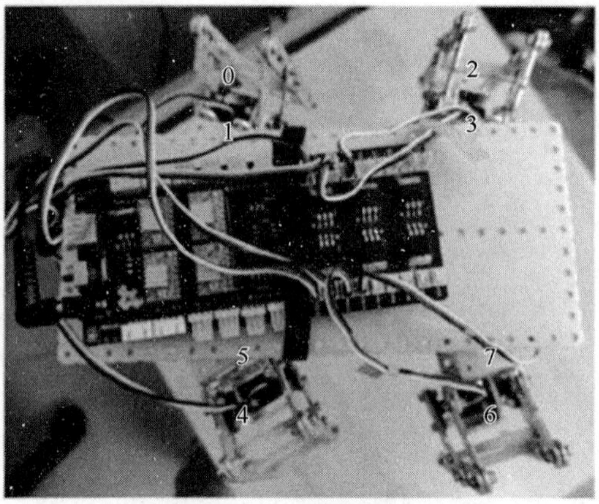

图 4-38　机器狗整体装配效果

将机器狗舵机物料与引脚按对应关系进行电路连接，其对应关系如表 4-6 所示。

表 4-6　物料与引脚对应关系

物料	引脚号	物料	引脚号
舵机 0	PE9	舵机 4	PD15
舵机 1	PE11	舵机 5	PD14
舵机 2	PE13	舵机 6	PD13
舵机 3	PE14	舵机 7	PB15

参考例程如下：

```
#include "sys.h"
#include "led.h"
#include "stdio.h"
#include "delay.h"
#include "usart.h"
#include "stdio.h"
#include "core_cm4.h"
#include "string.h"
#include "stdlib.h"
#include "pwm.h"
#include "timer.h"
#include "math.h"
/*
```

```
          5           1
          |
4----              --0
          I
          7                3
          I
6----1           |----2
                           I

*/

float Ang[8] = { 100,85,90,90,100,90,95,90 };
int Ang_Init[8] = { 100,85,90,90,100,90,95,90 };
float data_f[8] = { 0 };

void forward(void);
void right(void);
void split(char* src, const char* separator, char** dest, int* num);  //字符串拆分
函数
float sort(float data[8]);   //排序函数(小→大)
float find_min(float *de);   //寻找最小值函数
void Set_Ang(float, float, float, float, float, float, float, float);  //设置舵机旋
转角度函数
void Steering_Gear_Init(void);  //机械臂初始化位置函数
void Steering_Gear_Angle(u8 num, float ang);  //单个舵机控制函数
void Steering_Gear_Ang_Pwm1(float data[8]);   //机械臂移动函数

int main(void) {
    NVIC_PriorityGroupconfig(NVIC_PriorityGroup_2);  //设置系统中断优先级分组
    delay_init(168);                  //初始化延时，168 为 CPU 运行频率
    usart_init(115200);               //串口初始化
    LED_Init();                       //初始化 LED 灯
    TIM1_PWM_Init(20000 - 1, 168 - 1);
    TIM4_PWM_Init(20000 - 1, 84 - 1);
    TIM12_PWM_Init(20000 - 1, 84 - 1);
    Steering_Gear_Init();  //四足位置初始化
     while(1)
    {
        Set_Ang(80, 85, 110, 90, 80, 90, 115, 90);
        Steering_Gear_Ang_Pwm1(data_f);
        delay_ms(1000);
        while (1) {
            forward();
        }
    }
}
void forward(void)
{
    Set_Ang(90, 100, 105, 75, 90, 105, 105, 75);
    Steering_Gear_Ang_Pwm1(data_f);
    Set_Ang(70, 100, 70, 75, 120, 105, 120, 75);
    Steering_Gear_Ang_Pwm1(data_f);
```

```
    Set_Ang(70, 70, 70, 105, 120, 75, 120, 105);
    Steering_Gear_Ang_Pwm1(data_f);
    Set_Ang(90, 70, 105, 105, 90, 75, 105, 105);
    Steering_Gear_Ang_Pwm1(data_f);

    Set_Ang(120, 70, 120, 105, 80, 75, 70, 105);
    Steering_Gear_Ang_Pwm1(data_f);
    Set_Ang(120, 100, 120, 75, 80, 105, 70, 75);
    Steering_Gear_Ang_Pwm1(data_f);
}
void right(void)
{
    Set_Ang(90, 70, 105, 105, 90, 105, 105, 75);
    Steering_Gear_Ang_Pwm1(data_f);
    Set_Ang(70, 70, 70, 105, 120, 105, 120, 75);
    Steering_Gear_Ang_Pwm1(data_f);
    Set_Ang(70, 105, 70, 75, 120, 75, 120, 105);
    Steering_Gear_Ang_Pwm1(data_f);
    Set_Ang(90, 105, 105, 75, 90, 75, 105, 105);
    Steering_Gear_Ang_Pwm1(data_f);
    Set_Ang(130, 105, 120, 75, 75, 75, 70, 105);
    Steering_Gear_Ang_Pwm1(data_f);
    Set_Ang(130, 70, 120, 105, 75, 105, 70, 75);
    Steering_Gear_Ang_Pwm1(data_f);
}

void split(char* src, const char* separator, char** dest, int* num)
{
    char* pNext;
    int count = 0;

    if (src == NULL || strlen(src) == 0)  //字符串为空或遇到结束标志
        return;
    if (separator == NULL || strlen(separator) == 0)  //分隔符为空
        return;
    pNext = strtok(src, separator);  //字符串分割
    while (pNext != NULL) {
        *dest++ = pNext;
        ++count;
        pNext = strtok(NULL, separator);
    }
    *num = count;
}

//对数组内所有成员按从小到大的顺序重新排列，并返回最小值
float sort(float data1[8])
{
    float array[8] = { 0 };
    int i = 0;
    int j = 0;
    int temp;
```

```
    for (int i = 0; i < 8; i++) {
        array[i] = data1[i];
    }

    for (i = 0; i < 8; i++) {
        for (j = 0; j < 7 - i; j++) {
            if (array[j] > array[j + 1]) {
                temp = array[j];
                array[j] = array[j + 1];
                array[j + 1] = temp;
            }
        }
    }
    return find_min(array);
}

//寻找数组中的最小值
float find_min(float* de)
{
    if ((int)*de != 0)
        return *de;
    find_min(++de);
}

//给数组赋值
void Set_Ang(float ang1, float ang2, float ang3, float ang4, float ang5, float an
g6, float ang7, float ang8)
{
    data_f[0] = ang1;
    data_f[1] = ang2;
    data_f[2] = ang3;
    data_f[3] = ang4;
    data_f[4] = ang5;
    data_f[5] = ang6;
    data_f[6] = ang7;
    data_f[7] = ang8;
}

//将两个位置之间需要舵机移动的角度转换为多步，然后分步完成
void Steering_Gear_Ang_Pwm1(float data[8])
{
    float den = 0;
    float dif[8] = { 0 };
    float ang[8] = { 0 };
    //计算两个位置之间的差值
    for (int i = 0; i < 8; i++) {
        dif[i] = fabs(data[i] - Ang[i]);
    }
    //得到最小差值
    den = sort(dif);
    //计算 8 个舵机每次移动的最小距离
```

```
    if ((int)den == 0) {
        for (int i = 0; i < 8; i++)
            ang[i] = 0;
    }
    else {
        for (int i = 0; i < 8; i++) {
            ang[i] = (data[i] - Ang[i]) / den;
        }
        for (int i = 0; i < den; i++) {
            for (int j = 0; j < 8; j++)
                Ang[j] += ang[j];
            //对多个舵机进行位置限制，防止舵机堵转
            for (int g = 0; g < 8; g++) {
                if (Ang[g] < 0) Ang[g] = 0;
                else if (Ang[g] > 180)
                    Ang[g] = 180;
            }
            //舵机控制
            for (int k = 0; k < 8; k++) {
                Steering_Gear_Angle(k, Ang[k]);
            }
        }
    }
}

void Steering_Gear_Angle(u8 num, float ang)
{
    u32 Ang = 0;
    Ang = 500 + ang * 2000 / 270;
    switch (num) {
    case 0:
        TIM_SetCompare1(TIM1, Ang);     //修改比较值，修改占空比
        break;
    case 1:
        TIM_SetCompare2(TIM1, Ang);
        break;
    case 2:
        TIM_SetCompare3(TIM1, Ang);
        break;
    case 3:
        TIM_SetCompare4(TIM1, Ang);
        break;
    case 4:
        TIM_SetCompare4(TIM4, Ang);
        break;
    case 5:
        TIM_SetCompare3(TIM4, Ang);
        break;
    case 6:
        TIM_SetCompare2(TIM4, Ang);
        break;
```

```
        case 7:
            TIM_SetCompare2(TIM12, Ang);
            break;
        default:
            break;
        }
        delay_ms(1);
}

//四足起始位置
void Steering_Gear_Init(void)
{
    for (int i = 0; i < 8; i++) {
        Steering_Gear_Angle(i, Ang_Init[i]);
    }
    delay_ms(1000);
}
```

本章小结

本章系统阐述了机器人底盘构型设计与项目系统开发核心内容。在底盘构型设计模块，分别对双轮驱动、四轮驱动、履带式、三轮全向及四轮全向底盘开展了实验教学。通过双轮万向小车的模块化组装实践，明确驱动、传动与执行模块的功能关联；四驱机器人的电机并联控制实验，揭示其动力协同原理；履带式底盘实验展现扭矩传递特性与地形适应优势；全向底盘实验则基于福来轮结构，解析多方向灵活运动机制。

在控制实验设计环节，以 STM32 主控板与 Keil5 开发环境为工具，开展三轮全向机器人图形绘制、四轮全向机器人运动控制、仿人形机器人步态调试及机器狗行走编程等实验。学习者通过硬件电路连接、引脚配置及程序编写，掌握步进电机、舵机等执行元件的控制方法，实现机器人预期功能。

思考题

4-1　简述四轮驱动底盘实验中用一个端口来控制两个驱动轮的好处，并分析原因。

4-2　简述四轮驱动底盘相比双轮驱动底盘在运动性能上的优势，并说明其实现原理。

4-3　在三轮全向机器人控制实验的自主选择模式中，如何通过触碰传感器实现不同图形的绘制?

4-4　参考四轮全向机器人样例，编程实现写“中国”。

本书配套资源

第 5 章

SLAM 导航

本章知识导图

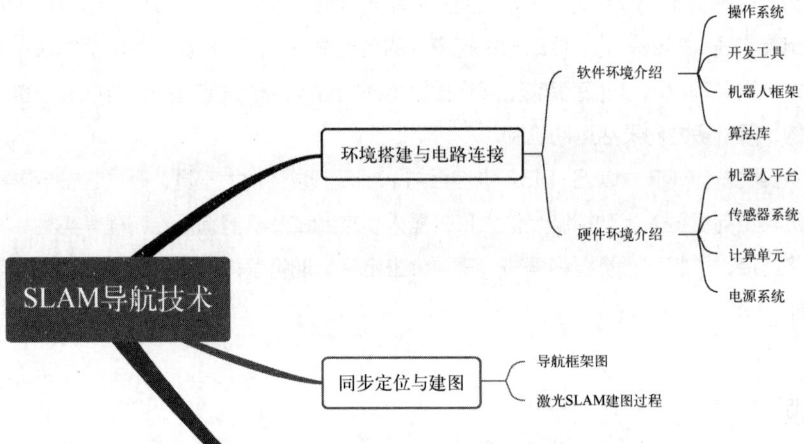

本章学习目标

【知识目标】

1. 了解智能机器人 SLAM 导航系统的硬件环境组成，包括机器人平台、传感器系统、计算单元、电源系统等各组件的作用和特点。

2. 理解基于ROS的激光SLAM导航实现原理，包括导航框架图中各组件的功能和作用。

【能力目标】

1. 熟练完成智能机器人SLAM导航系统的电路连接，并能进行初步的调试。

2. 运用合适的开发工具和机器人框架，编写和烧录程序，实现键盘对底盘小车的控制。

【素养目标】

1. 培养严谨的科学态度和逻辑思维能力，在理解SLAM导航原理和操作过程中，注重细节和步骤的准确性。

2. 提高动手实践能力和问题解决能力，通过实际操作和调试，增强对硬件和软件系统的理解和掌握。

3. 增强团队协作意识和沟通能力，在项目实践中，能够与团队成员合作完成任务，交流经验和解决问题。

4. 激发创新思维和探索精神，鼓励对智能机器人SLAM导航技术进行深入研究和拓展应用。

5.1 概述

机器人的智能移动可应用于物流行业、交通行业。本章利用键盘控制底盘小车运动完成SLAM建图，并能在已建好的地图里进行自主导航。

5.1.1 硬件环境介绍

智能机器人SLAM导航系统的硬件环境由多个关键组件构成，共同实现机器人的自主定位与建图功能。

① 机器人平台。通常采用移动机器人平台，如双轮、四轮或履带式底盘，本书以采用组件GS03搭建福来轮底盘小车为例（如图5-1所示）。这些平台需要具备良好的稳定性和机动性，以适应不同环境中的导航需求。

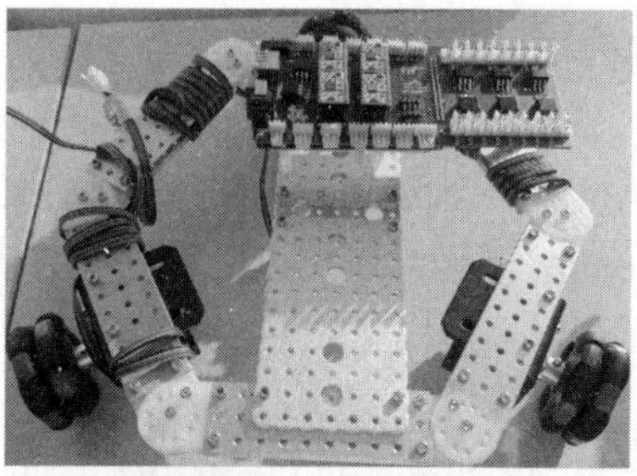

图5-1 福来轮底盘小车

② 传感器系统。SLAM导航系统依赖多种传感器数据，主要包括：

激光雷达（LiDAR）：如图 5-2 所示，可提供精确的环境距离信息，是 SLAM 算法中的重要数据源。

图 5-2 激光雷达

相机：包括 RGB 相机、深度相机等，用于视觉 SLAM。

惯性测量单元（IMU）：测量机器人的加速度和角速度，辅助定位。

里程计：测量机器人的移动距离和方向，提供运动信息。

③ 计算单元。如图 5-3 所示，负责处理传感器数据和执行 SLAM 算法，通常使用嵌入式计算机或微控制器。在探索者智能机器人平台上，推荐使用 Basra 或 MCU-F4 主控板作为计算单元。

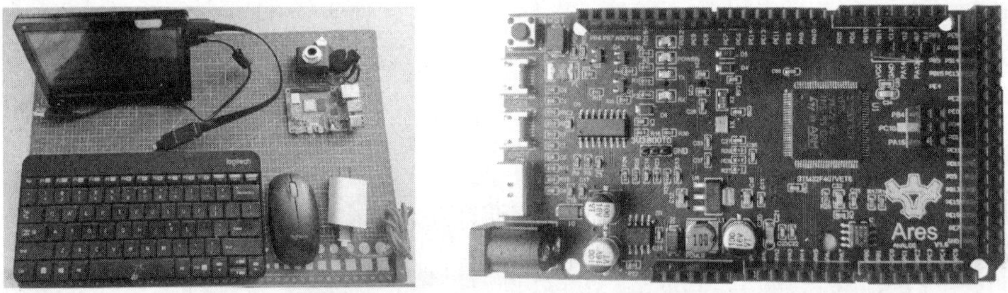

图 5-3 树莓派、MCU-F4 主控板及相关器材

④ 电源系统。为整个系统提供稳定的电力供应，包括主电源、电池管理系统等。电源适配器的要求：5V 电源适配器，至少需要 3A 的额定电流，配备 USB Type-C 输出接头。在调试时，可以使用手机充电器给树莓派供电。在底盘小车做导航实验时可用充电宝给树莓派供电。

5.1.2 电路连接介绍

在 SLAM 导航系统中，各硬件组件需要通过合理的电路连接，形成完整的系统架构。

传感器连接：激光雷达、相机和 IMU 等传感器通过特定接口（如 USB、串口、I^2C 等）连接到主控板。在探索者模块化机器人平台上，这些连接通常遵循标准接口设计，便于快速搭建和调试。

电机控制：底盘电机通过电机驱动模块连接到主控板。在探索者平台上，推荐使用专用的电机驱动模块，如 L298N 或 A4988，实现对直流电机和舵机的精确控制。

通信接口：系统通常需要无线通信模块（如 Wi-Fi、蓝牙）实现与外部设备的数据传输，便于监控和调试。

电源管理：电源管理电路负责为各组件提供稳定的电压，并实现电源的智能分配和保护功能。在探索者平台上，电源管理系统支持过流、过压保护，确保系统安全运行。

具体步骤如下：

第一步：先把步进电机与主控板的扩展板进行连接(提示：注意看 X、Y、Z 的接线位置)，其中，装有雷达的一侧代表底盘小车的车头。雷达左侧的步进电机控制小车的 *X* 轴方向；雷达右侧的步进电机控制小车的 *Y* 轴方向；雷达对侧的步进电机控制小车的 *Z* 轴方向。具体的接线引脚如图 5-4、图 5-5 所示。

图 5-4 SH-F4ST 扩展板(正反面)

图 5-5 接线示意图

第二步：把主控板的扩展板跟树莓派连接起来（见图 5-6），并用锂电池进行供电。

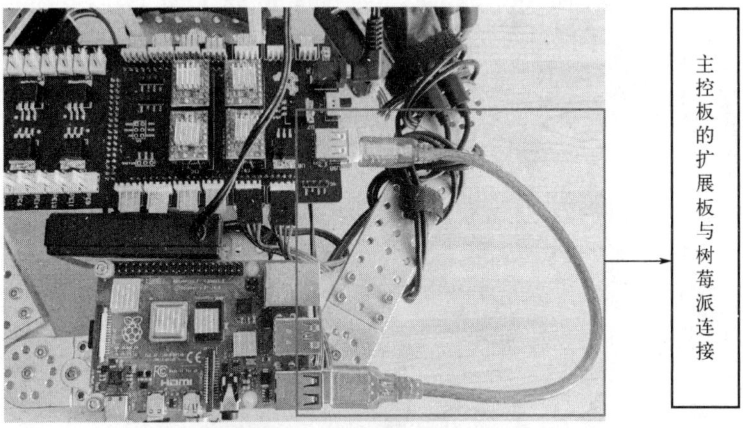

图 5-6 扩展板与树莓派连线示意图

第三步：把鼠标、键盘、显示屏与树莓派进行连接（见图 5-7）。其中显示屏和树莓派用充电宝供电。

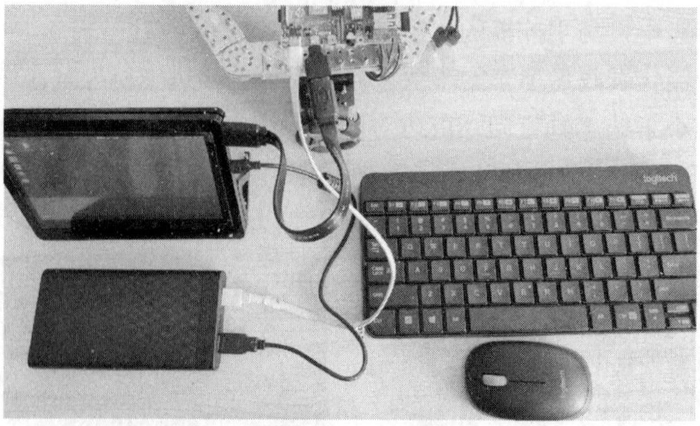

图 5-7 设备连接图

第四步：把雷达与树莓派进行连接（建议把雷达接在树莓派的 USB3.0 上，见图 5-8）。

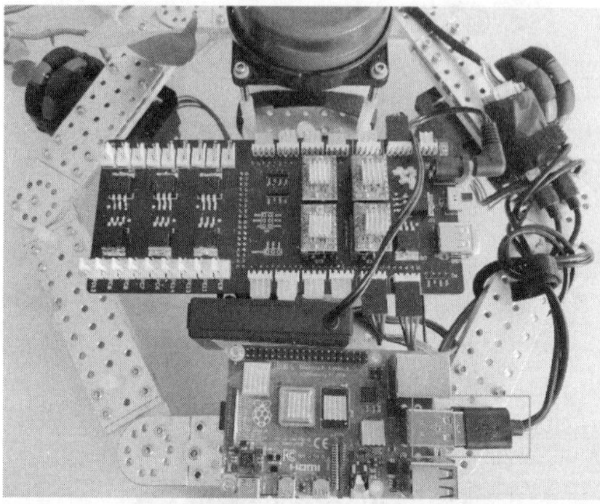

图 5-8 雷达接线示意图

经过以上操作后，就完成了相应的电路连接（见图 5-9）。

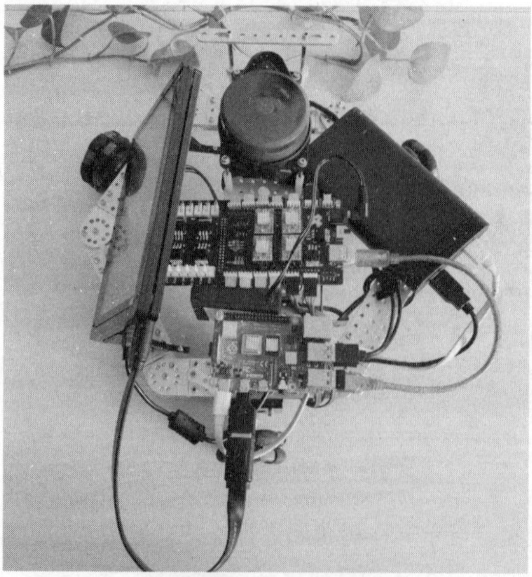

图 5-9 完整电路连接

5.1.3 软件环境介绍

智能机器人 SLAM 导航的软件环境通常包括操作系统、开发工具、机器人框架和算法库。

操作系统：在探索者平台上，推荐 Linux 或 RTOS（实时操作系统）作为基础软件环境。Linux 提供了丰富的开发资源和良好的社区支持，而 RTOS 则适合对实时性要求较高的应用场景。

开发工具：根据主控板的不同，选择相应的开发环境。对于 Basra 主控板，推荐使用 PlatformIO 或 Arduino IDE；对于 MCU-F4 主控板，则使用 STM32CubeIDE 或 Keil。这些开发工具提供了丰富的调试功能和代码模板，简化了开发过程。

机器人框架：在探索者平台上，推荐使用 ROS（robot operating system）或 Lite ROS 作为机器人软件框架。ROS 是一个模块化的机器人软件开发平台，提供了丰富的工具和库，便于实现机器人感知、运动控制和自主导航功能。

算法库：SLAM 算法的实现需要多种算法库支持，包括 OpenCV、PCL（point cloud library，用于点云处理和激光 SLAM）、ROS-SLAM 相关包（Gmapping、HectorSLAM、ORB-SLAM）。

本例烧录的系统镜像，相关配置如下：

操作系统：Ubuntu18.04 系统，基于 Debian GNU/Linux，支持 x86、AMD64（即 x64）、ARM 和 PPC 架构。

仿真系统：基于开源机器人操作系统 ROS Melodic 和开源软件平台 Arduino 开发。上位机采用 ROS Melodic，基于导航功能包完成全向移动底盘小车 SLAM 导航运动规划，采用 Gazebo 完成全向移动底盘小车物理运动仿真；下位机采用 Arduino 实现对全向移动底盘小车的运动控制。

5.2 键盘控制底盘小车运动

在实现 SLAM 导航之前，首先需要实现底盘小车的基本控制功能。通过键盘控制底盘小车运动，是验证硬件连接和软件环境的重要步骤。

按下键盘上指定的键，实现底盘小车前进、后退、转向、平移；还可以灵活地设置底盘小车的角速度、线速度来调整底盘小车的运动。底盘小车的键盘控制指令配置详见表 5-1。操作前需熟悉各功能键位定义，该指令系统将用于后续的底盘运动控制。

表 5-1 键盘命令及含义

分类	运动指令	
	键盘快捷键	指令含义
基本运动	i	前进
	,	后退
	j	左转
	l	右转
平移	J	左平移
	L	右平移
调整角速度与线速度	q	增大底盘小车最大速度的 10%（包含角速度与线速度）
	z	减小底盘小车最大速度的 10%（包含角速度与线速度）

续表

分类	运动指令	
	键盘快捷键	指令含义
调整线速度	w	仅仅增大底盘小车线速度的 10%
	x	仅仅减小底盘小车线速度的 10%
调整角速度	e	仅仅增大底盘小车角速度的 10%
	c	仅仅减小底盘小车角速度的 10%
其他	除了上面按键的其他按键（如：k）	停止
结束	Ctrl+C	程序结束

（1）操作步骤

准备器材：

第一步：连接好电路。

第二步：写程序或直接烧录已有的程序。具体步骤如下：

① 把 Arduino 程序下载到主机中。

打开\fourmacnum_car_ws\src\arduino_programming\Control_FuLaiLun_Car 文件夹，打开 Control_FuLaiLun_Car.ino（见图 5-10）。

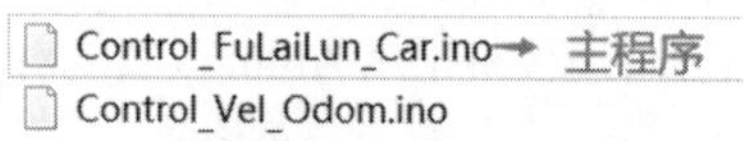

图 5-10 打开文件

右键单击打开主程序（剩下的其他程序会一起加载到 Arduino IDE 中），选择板型和端口号（见图 5-11），然后点击上传即可。

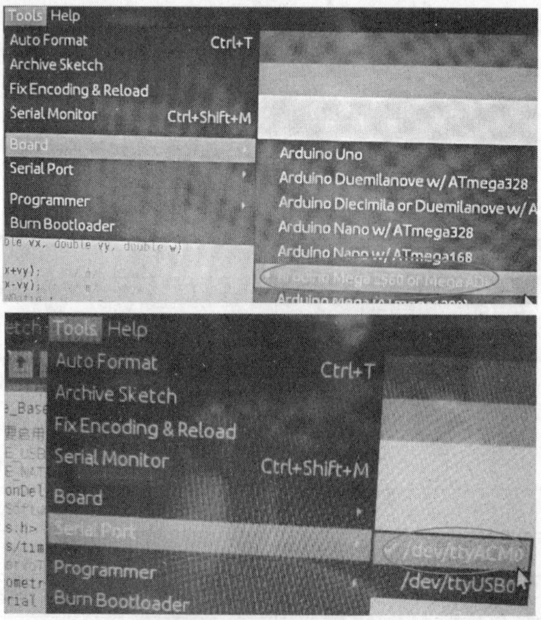

图 5-11 选择板型和端口号

② 启动雷达、键盘、rosserial 程序包。打开终端，输入 roslaunch robot_navigation_control robot.launch 命令（见图 5-12），等待程序的运行启动界面。

图 5-12 终端输入命令

终端成功启动后，可以在终端看到底盘小车的当前 speed（线速度）为 0.04，turn（角速度）为 0.08，如图 5-13 所示。注意：speed 指的是线速度的大小（包含方向），turn 指的是角速度的大小（包含方向）。

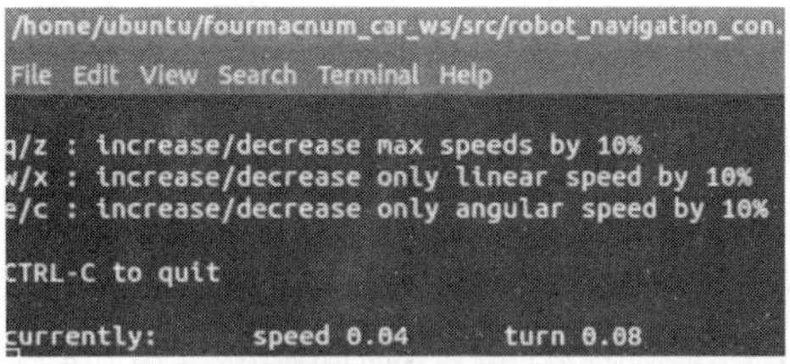

图 5-13 终端启动成功

rviz 界面如图 5-14 所示。

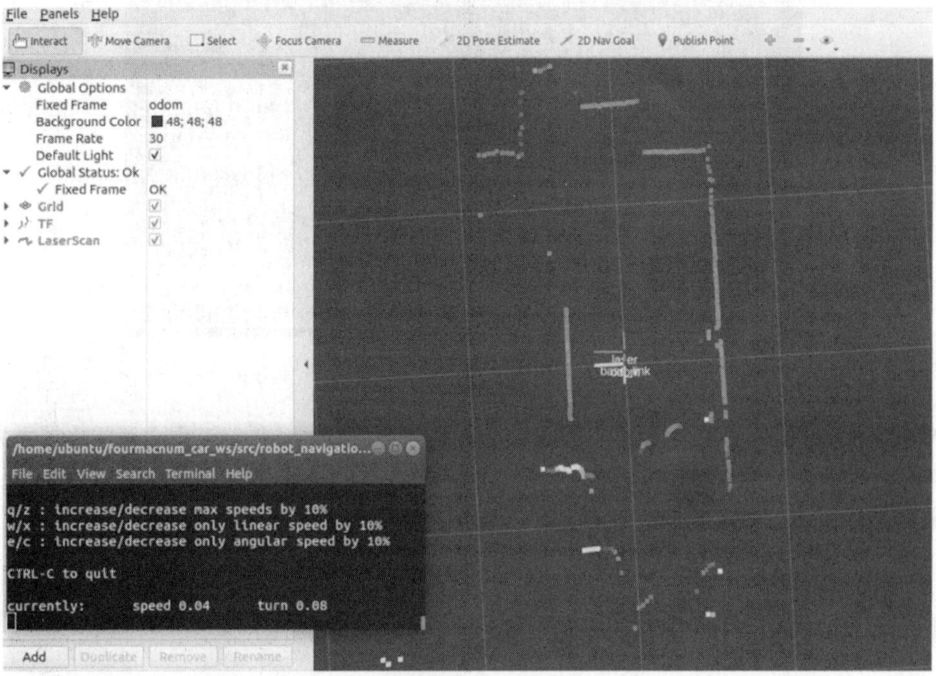

图 5-14 rviz 界面

③ 尝试按下键盘命令，控制底盘小车的运动。注意：一是请先保证终端是激活状态；二是按键盘时，稍微有点间隔，给底盘小车转动的时间；三是一定要打开扩展板上的电源开关，否则会发现小车位置在 rviz 中变化，但车不运动。

假如现在希望先增加底盘小车的最大速度，再降低底盘小车的最大速度，则分别按下键盘上 q、z 命令，可以观察到终端的结果，如图 5-15 所示。

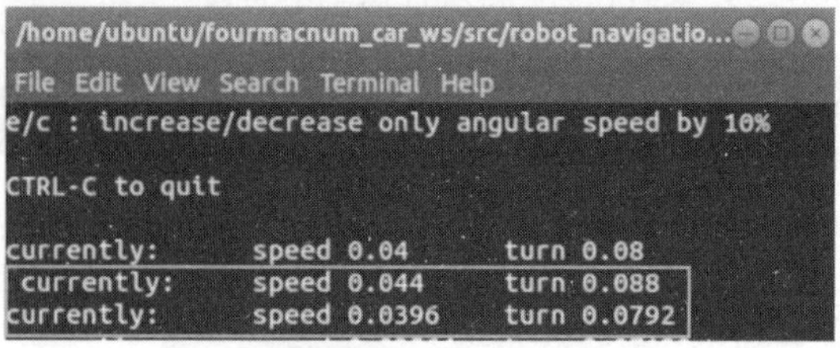

图 5-15 终端结果

更多命令请自行尝试。

第三步：运行程序并查看效果。

(2) 调试技巧

现象：在键盘控制底盘小车的终端出现如图 5-16 所示的 ERROR 提示。

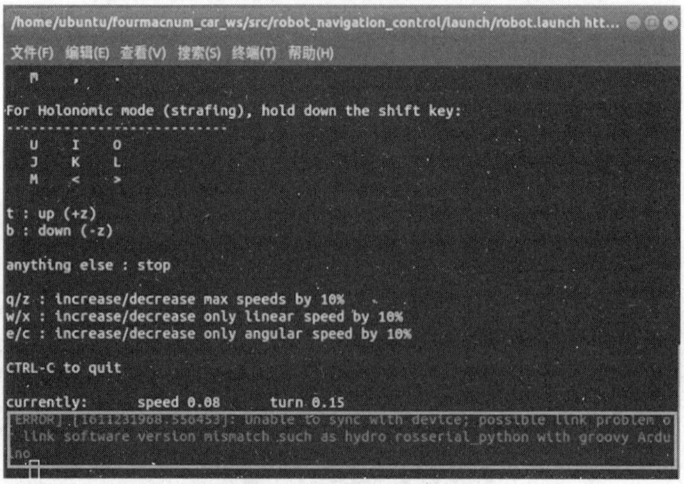

图 5-16 控制终端报错提醒

分析原因：属于正常现象，ROS 和 Arduino 程序通信时，在传输过程中有些数据丢失，但不影响程序运行。

具体操作：可以忽略不计。

5.3 底盘小车同步定位与建图——SLAM

激光 SLAM 导航技术已经比较成熟，本节重点阐述基于 ROS 的激光 SLAM 导航实现。在 ROS 中实现可以基于一个成熟的 ROS 导航功能包，图 5-17 是导航功能包中对应的导航框架图。

这个导航功能包简单来说，就是根据输入的里程计等传感器的信息流和机器人的全局位置，通过导航算法，计算得出安全可靠的机器人速度控制指令。但是，如何在特定的机器人上实现导航功能包的功能，却是一个较为复杂的工程。

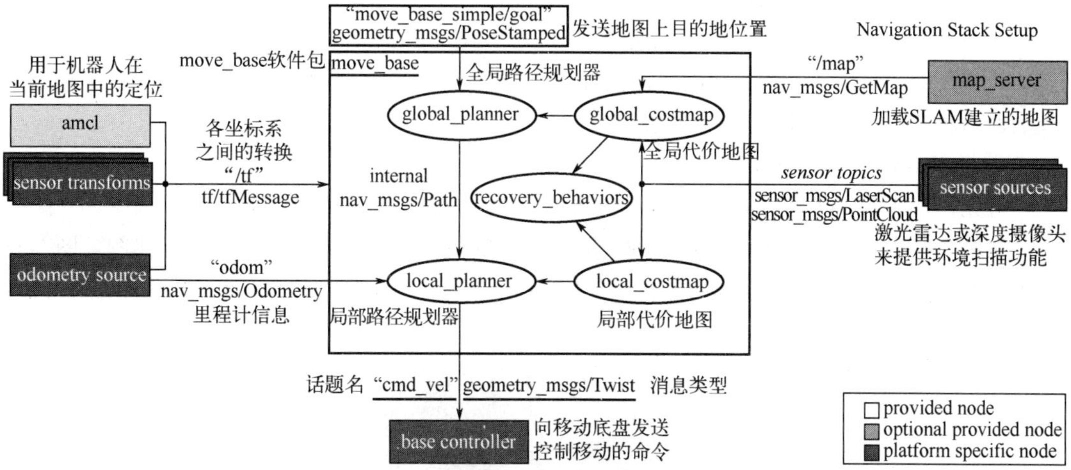

图 5-17 导航框架图

作为导航功能包使用的必要先决条件，机器人必须运行 ROS，发布 TF 变换树，并发布使用 ROS 消息类型的传感器数据。同时，为了让机器人更好地完成导航任务，开发者还要根据机器人的外形尺寸和性能，配置导航功能包的一些参数。框架图的各功能组件具体说明如下：

在导航框架图中，白色组件表示必需且已实现的功能模块，灰色部分代表可选但已实现的组件，蓝色组件则是需要为每个机器人平台单独创建的必需模块。各组件功能定义如下：

白色组件：

move_base：实现机器人导航中的最优路径规划，提供导航的主要运行、交互接口；

global_planner：全局的路径规划；

local_planner：局部的路径规划；

global_costmap：全局的代价地图；

local_costmap：局部的代价地图；

recovery_behaviors：期望的行为。

灰色组件：

amcl：ACML 算法，通过比较检测到的障碍物和已知地图来进行定位；

map_server：地图服务节点，为机器人提供地图数据；

nav_msgs/GetMap：发送地图消息。

蓝色组件：

sensor transforms：传感器的转换；

odometry source：里程计源，使用 tf 和 nav_msgs/Odometry 发布里程计信息；

base controller：基本控制器，订阅"cmd_vel"中 geometry_msgs/Twist 消息发送速度的命令；

sensor sources：传感器源，用来避开实际场景中的障碍物；

sensor_msgs/LaserScan 或 sensor_msgs/PointCloud：发送传感器信息。

各组件之间可以通过消息机制来完成数据交互，可以发布消息、订阅消息。白色组件、灰色组件可以直接使用，不需要设计，只需要理解相关组件的功能、会调用参数即可；蓝色组件需要根据具体的机器人设置相关参数，它将是了解的侧重点。

此外，导航的关键是机器人定位和路径规划两大部分，主要用到以下两个功能包。

move_base：实现机器人导航中的最优路径规划。

amcl：实现二维地图中的机器人定位。

在该框架中，move_base 功能包提供导航的主要运行、交互接口；amcl 功能包保障路径的准确性，对自己所处的位置进行精确定位。

激光 SLAM 建图的具体过程如下：

首先，确定机器人运行场景。注意场地最好为一个封闭且非对称场地。

然后，在选定的场景中，遥控搭载了激光雷达的机器人在场景中运动，进行建图。图 5-18 为机器人在实物场景中运动所建的图。可以在图中看到一个由黑边构成的封闭地图区域，此区域为扫描实物场景构建的二维地图。

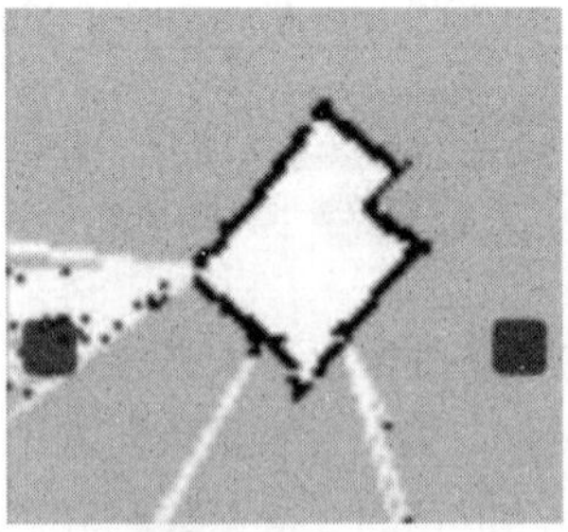

图 5-18 实物场景

最后保存地图，用于导航。

利用 Gmapping 算法对底盘小车所在的未知环境进行建立地图、同步定位，最后保存此地图。此地图可供底盘小车导航使用。

操作步骤如下：

第一步：连接好电路。

第二步：运行程序并查看效果。

以下为具体的操作步骤：

先搭建一个实际场景，便于建立地图。注意：为了方便识别，搭建的实际测试地图最好是不规则的区域；如图 5-19 所示的测试场地（长方形区域的一边是不规则的，便于识别建立的仿真地图）。

图 5-19 本次底盘小车运行的实际场景

① 下载控制底盘小车的程序。请参照上节的步骤把 Arduino 程序下载到底盘小车里（若已下载，请忽略这一步）。

② 启动雷达、键盘、rosserial。

打开终端并输入命令：roslaunch robot_navigation_control robot_car.launch（见图 5-20）。

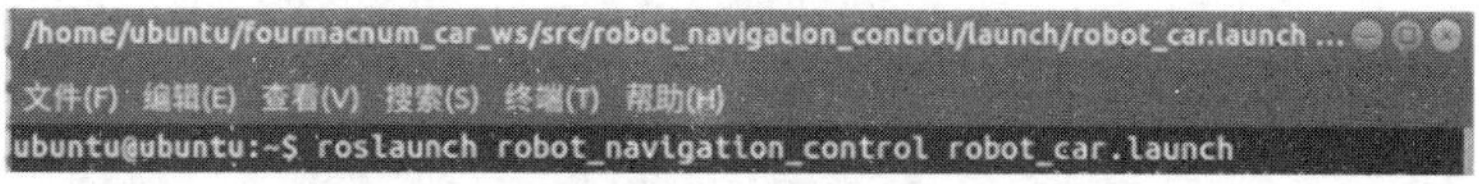

图 5-20 终端输入命令

③ 启动构建地图服务。按 Ctrl+Shift+T 打开第二个终端并输入：roslaunch four_macnum_slam four_macnum_slam.launch（见图 5-21）。

图 5-21 启动构建地图服务

界面启动后，在 rviz 中选择“map”，可以在可视化界面看到有地图出现。

根据实际环境进行建图时，注意：一是请先保证键盘控制的终端是激活状态（请用鼠标点击一下此终端）；二是按键盘时，稍微有点间隔，给底盘小车转动的时间。

按下键盘相关指令（键盘指令请参考上一节）来控制底盘小车在场地内遍历运行，直至在 rviz 内可以看到构建地图的轮廓，如图 5-22 所示（注意：地图环境会根据实际场景建立）。

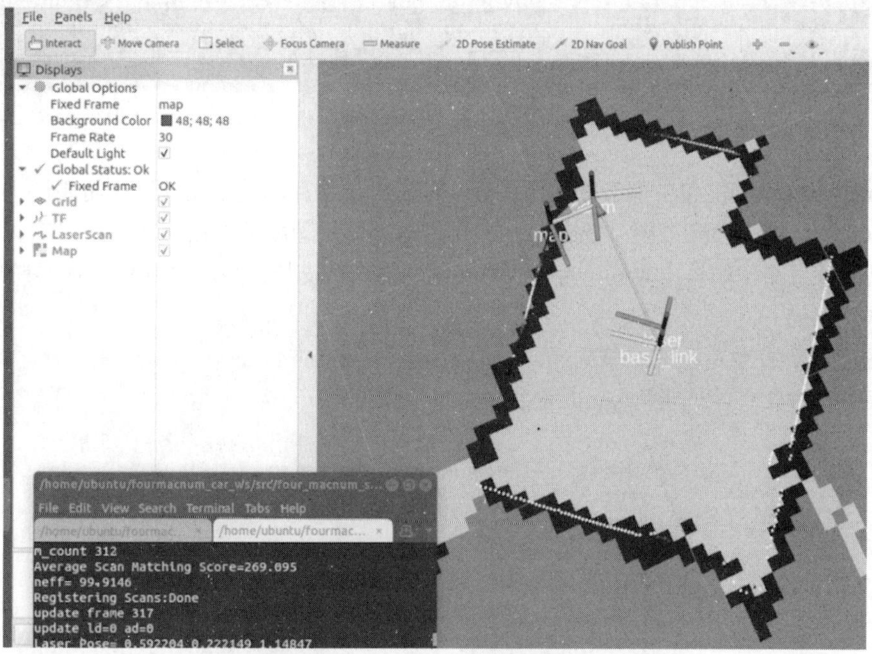

图 5-22 底盘小车在未知环境中建立地图

④ 为了后续在已知环境中运行底盘小车，需把此次建立的地图进行保存。首先进入保存地图的文件夹，然后给地图命名，保存即可。例如建立的地图命名为 your_map_name（提示：your_map_name 为自定义的名称，可以按需进行命名）。具体操作步骤如下：

重新打开新终端（Ctrl+Shift+T）并输入：cd fourmacnum_car_ws/src/four_macnum_navigation/maps，如图 5-23 所示。

图 5-23 输入命令一

随后输入：rosrun map_server map_saver -f ./your_map_name，如图 5-24 所示。

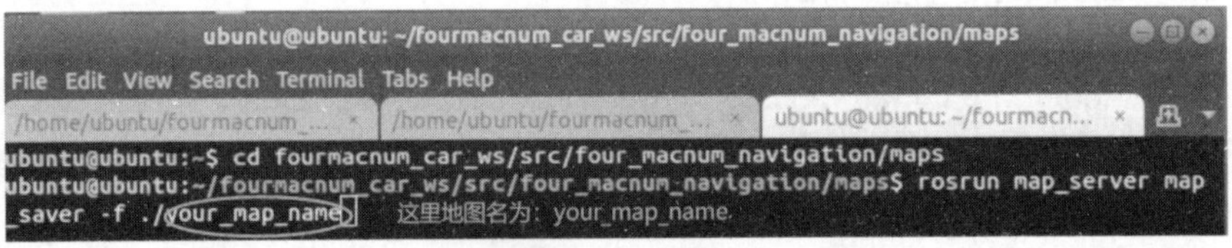

图 5-24 输入命令二

返回图 5-25 框中的信息，代表成功保存地图。

图 5-25 保存地图成功

在 map_server 功能包中保存好地图之后，可以对已保存的地图文件进行简要说明与查看，如图 5-26 所示。需要说明的是，map_server 作为与地图处理相关的核心功能包，其主要功能包括：一是对外发布已知地图数据，为导航等系统功能提供支持；二是实现 SLAM 系统所构建地图的持久化存储。

地图文件，通常为 pgm 格式。

地图的描述文件，通常为 yaml 格式。

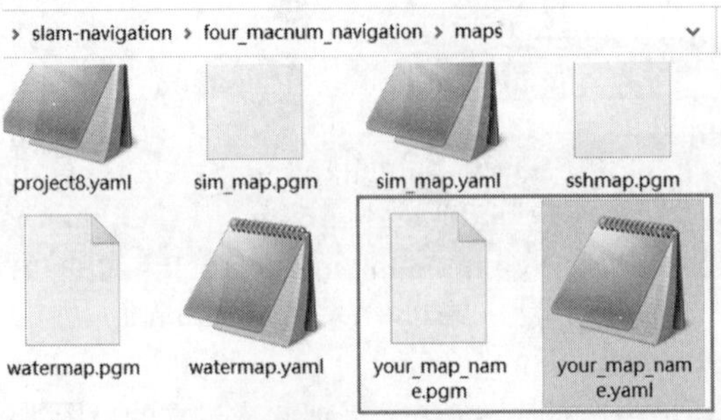

图 5-26 文件格式

打开 your_map_name.pgm，见图 5-27。

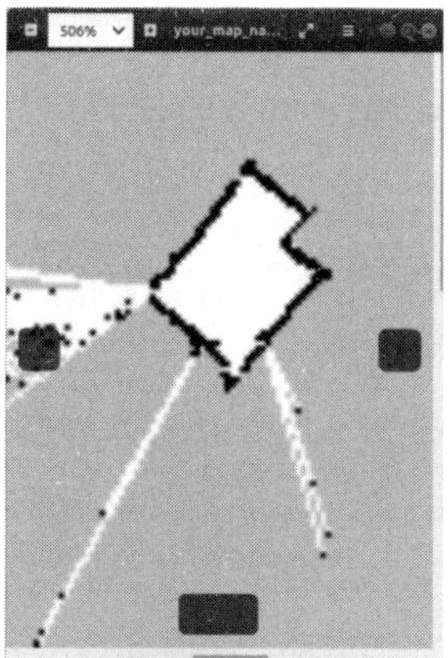

图 5-27　地图

your_map_name.yaml 的各个参数见图 5-28。

```
test_one.launch  gmapping.launch  four_macnum_slam.launch  your_map_name.yaml
image: ./your_map_name.pgm      #指定地图文件
resolution: 0.050000            #地图的分辨率 单位为m/pixel
origin: [-1.500000, -12.700000, 0.000000] #地图原点
negate: 0                       #0代表 白色为空闲 黑色为占据
occupied_thresh: 0.65           #当占据的概率大于0.65认为被占据
free_thresh: 0.196              #当占据的概率小于0.196认为无障碍
```

图 5-28　参数

其中，占据的概率 occ = (255−color_avg)/255.0，color_avg 为 RGB 三个通道的平均值。

5.4　底盘小车导航——navigation

导航是机器人自主移动的核心技术，它包括路径规划和避障两个主要方面。在 SLAM 的基础上，导航系统可以根据构建的地图，规划从起点到目标点的路径，并在移动过程中避开障碍物。

导航技术在机器人领域的应用非常广泛，包括工业自动化、服务机器人、特种机器人等。通过导航技术，机器人可以实现自主巡检、自动配送、环境探索等功能。

在 5.3 节搭建好的实际场景中，实现底盘小车的导航效果。

具体思路：加载上节建好的地图，设置底盘小车的初始位置和方向，设定目标位置及方向，底盘小车就可以实现导航效果。

（1）操作步骤

第一步：准备器材，连接好电路。

第二步：写程序或直接烧录上边的程序。

第三步：运行程序并查看效果。

以下为具体的操作步骤：

① 将创建的地图应用到导航程序中。

首先，修改 four_macnum_navigation.launch 文件，将上一节中的 your_map_name.yaml 添加到此 launch 文件中（见图 5-29）。步骤如下：

打开终端并输入：cd fourmacnum_car_ws/src/four_macnum_navigation/launch。

之后再输入：gedit four_macnum_navigation.launch。

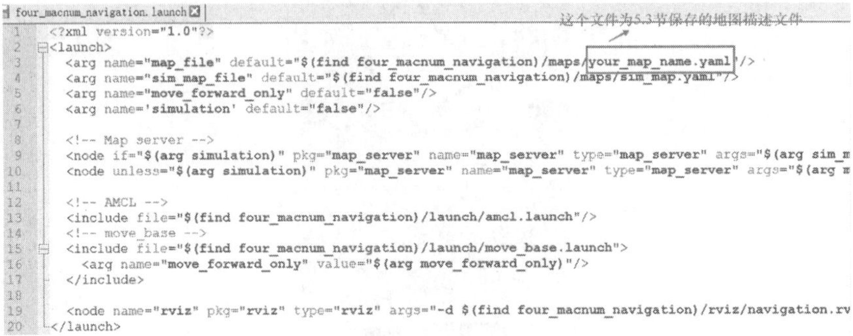


```
<?xml version="1.0"?>
<launch>
  <arg name="map_file" default="$(find four_macnum_navigation)/maps/your_map_name.yaml"/>
  <arg name="sim_map_file" default="$(find four_macnum_navigation)/maps/sim_map.yaml"/>
  <arg name="move_forward_only" default="false"/>
  <arg name='simulation' default="false"/>

  <!-- Map server -->
  <node if="$(arg simulation)" pkg="map_server" name="map_server" type="map_server" args="$(arg sim_m
  <node unless="$(arg simulation)" pkg="map_server" name="map_server" type="map_server" args="$(arg m

  <!-- AMCL -->
  <include file="$(find four_macnum_navigation)/launch/amcl.launch"/>
  <!-- move_base -->
  <include file="$(find four_macnum_navigation)/launch/move_base.launch">
    <arg name="move_forward_only" value="$(arg move_forward_only)"/>
  </include>

  <node name="rviz" pkg="rviz" type="rviz" args="-d $(find four_macnum_navigation)/rviz/navigation.rv
</launch>
```

图 5-29 添加文件

② 启动雷达、键盘、rosserial。在该终端继续输入：roslaunch robot_navigation_control robot_car.launch（见图 5-30）。

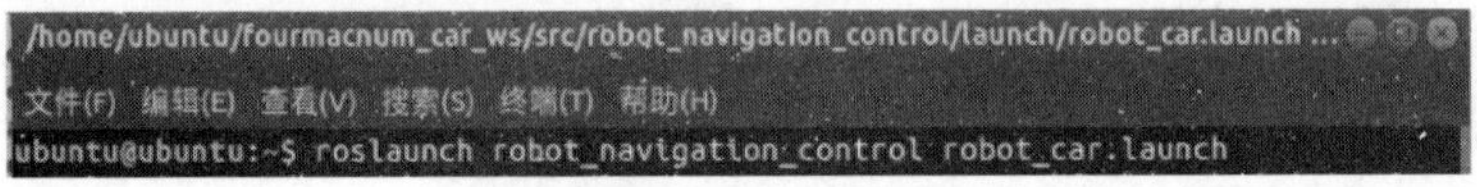

图 5-30 输入命令一

③ 按下 Ctrl+Shift+T 打开第二个终端并输入：roslaunch four_macnum_navigation four_macnum_navigation.launch（见图 5-31）。

图 5-31 输入命令二

启动界面后，可以看到许多红色的箭头，代表底盘小车的姿态估计还不准确（图 5-32）。

图 5-32 启动界面

④ 开始调整底盘小车的姿态。

首先，旋转地图，确保地图和实际场景的方向基本一致。

然后，使用 2D Pose Estimate 标定底盘小车在地图中的初始位置及车头指向（见图 5-33）。

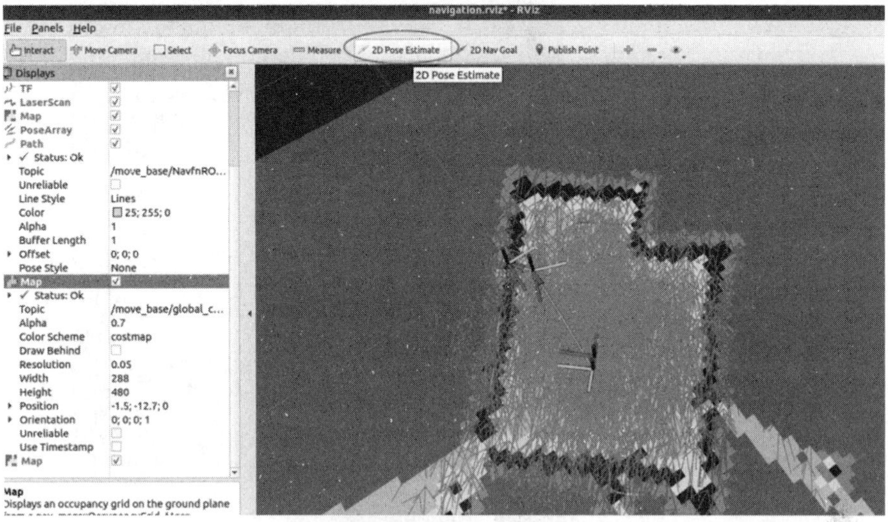

图 5-33 调整小车姿态

接着，鼠标点击有 roslaunch robot_navigation_control robot_car.launch 的终端后，尝试按下键盘快捷键控制底盘小车运动（键盘快捷键请参考 5.2 节），最好尽可能多地消除地图中的箭头（这一步实际是确定底盘小车在地图中的实际位置以及车头指向）。

图 5-34 是多次按下键盘快捷键控制底盘小车运动后，箭头逐渐减少的效果。

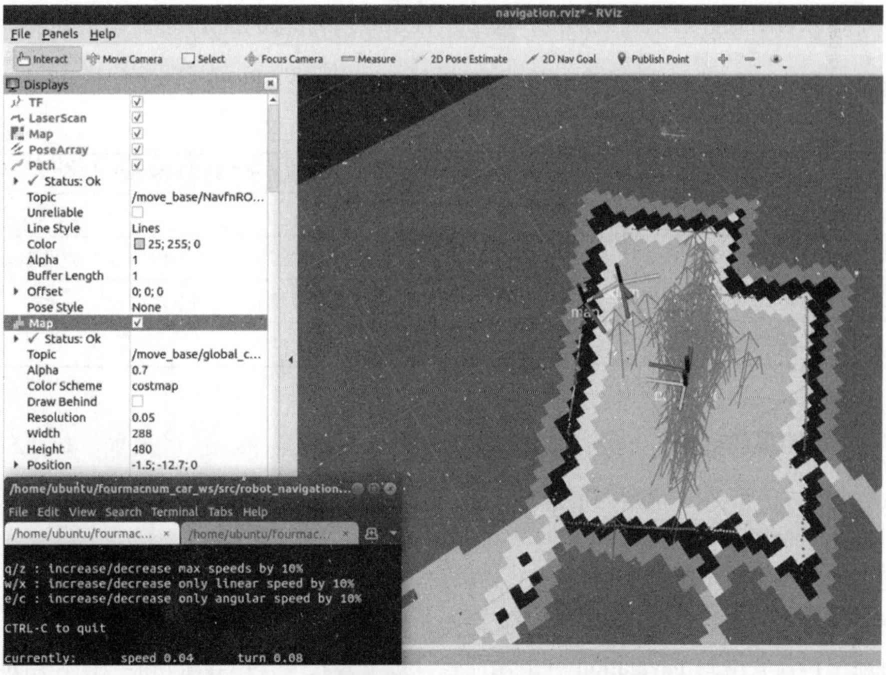

图 5-34 箭头逐渐减少

图 5-35 是最后调整完的底盘小车姿态（即底盘小车在地图中的实际位置以及车头指向）。

图 5-35　调整完的小车姿态

⑤ 尝试给定底盘小车目标位置（使用 2D Nav Goal）。这里的目标位置包含了目标点及车头指向，在可视化界面上点击且转动箭头方向，机器人会移动到指定点。

（2）导航实例的类比

以步行前往陌生地点为例，首先需下载一个地图软件，随后开启手机定位功能。接着，在地图软件中输入目的地并启动导航功能，即可依据系统规划的路径指引行进。导航实例类比见表 5-2。

表 5-2　导航实例类比

生活中的导航例子	类比（底盘小车的导航操作）
下载一个地图软件及软件里的地图	ROS IDE 及建好的地图
手机开定位	使用 2D Pose Estimate 标定底盘小车在地图中的初始位置及车头指向
输入目的地	使用 2D Nav Goal 标定目标点及车头指向
然后开始导航，依据系统规划的路径行进	底盘小车按导航路径运动

（3）导航的具体过程

首先，打开导航地图，确定当前机器人在地图中的位置，图 5-36 为通过 ROS 中可视化插件 rviz 打开的示例图。

然后，指定一个目标点，自动规划一条路径，图 5-37 中黑实线为规划好的路径。

最后，机器人按照路径运动到目标位置，停止运动。

在导航中，需要用到 navigation 导航功能包，接下来具体介绍导航功能包的使用步骤，主要包含机器人参数配置、导航功能包集配置两部分。

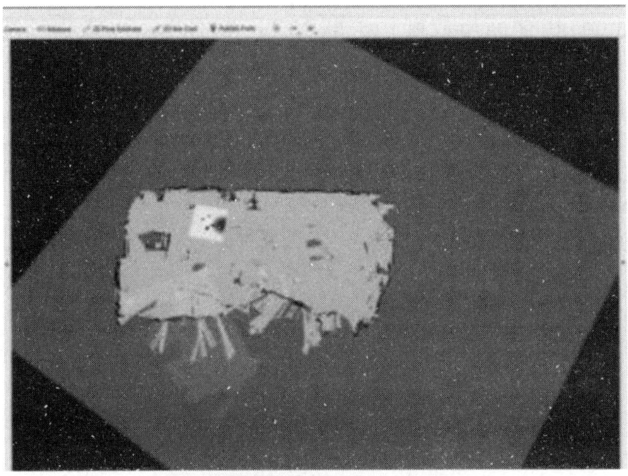

图 5-36　可视化插件示例图

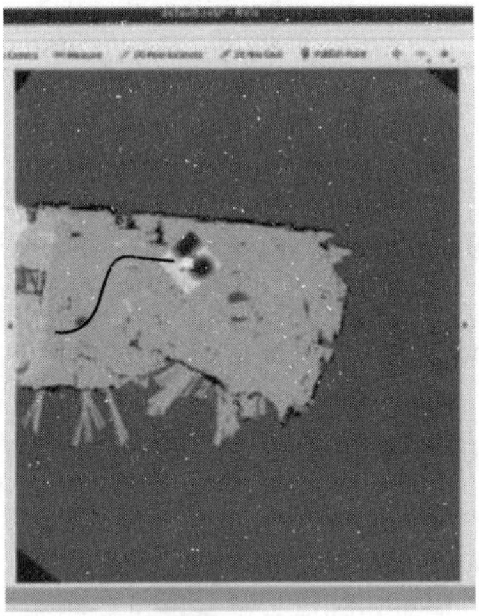

图 5-37　路径图

1）机器人参数配置

机器人参数的配置包含四步：

第一步：配置 TF。导航包使用 TF 来确定机器人在地图中的位置并建立传感器数据与静态地图的联系。配置 TF 主要分成两步：首先将雷达的 TF 与底盘的 TF 进行绑定，然后将绑定后的底盘 TF 发送给世界坐标（odom）。

第二步：需在 ROS 系统中发布激光雷达数据（LaserScan）。底盘上的雷达传感器为导航功能包集提供信息，从而避免底盘发生碰撞。当前导航功能包集仅支持 sensor_msgs/LaserScan 或 sensor_msgs/PointCloud 两种消息类型的传感器数据，本系统采用 sensor_msgs/LaserScan 消息类型进行数据传输。该消息类型的详细规范如下：

① ROS 消息头。

消息类型 sensor_msgs/LaserScan 和 sensor_msgs/PointCloud 跟其他的消息一样，包括 TF 帧和与时间相关的信息。为了标准化发送这些信息，消息类型 Header 被用于所有此类消息的一个字段。类型 Header 包括以下几个字段：字段 seq 对应一个标识符，随着消息被发布，它会自动增加；字段 stamp 存储与数据相关联的时间信息，以激光扫描为例，stamp 可能对应每次扫描开始的时间；字段 frame_id 存储与数据相关联的 TF 帧信息，以激光扫描为例，它将是激光数据所在帧。

② LaserScan 消息。对于机器人的激光扫描仪，ROS 提供了一个特殊的消息类型 LaserScan 来存储激光信息。消息中包含如下字段：

```
# 测量的激光扫描角度 ，逆时针为正
# 设备坐标帧的 0 度面向前（沿着 X 轴方向）
Header header
float32 angle_min              # scan 的开始角度  [弧度]
float32 angle_max              # scan 的结束角度  [弧度]
float32 angle_increment        #  测量的角度间的距离
float32 time_increment         #  测量间的时间  [秒]
float32 scan_time              # 扫描间的时间  [秒]
float32 range_min              #  最小的测量距离  [米]
float32 range_max              #  最大的测量距离  [米]
float32[] ranges               #  测量的距离数据    [米]
                               #  注意：值 <range_min 或>range_max 应当被丢弃
float32[] intensities          #  强度数据  [device-specific units]
```

第三步：发布里程计信息（odometry source）。导航包使用 TF 来确定机器人在地图中的位置和建立传感器数据与静态地图的联系。然而 TF 不能提供任何关于机器人速度的信息，所以导航包要求任何的里程计源都能通过 ROS 发布 TF 变换和包含速度信息的消息。nav_msgs/Odometry 消息：nav_msgs/Odometry 消息包含了在机器人坐标系（通常是基坐标系）中的位置和速度信息。TF 发布 odometry 变换数据，在上位机 ROS 中通过节点（message_translate）订阅。

第四步：配置基本运动控制器（base controller）参数信息。

2）导航功能包集配置

导航功能包集配置包含五步：

第一步：创建一个软件包，用来启动所有的硬件以及发布机器人所需的 TF。

第二步：配置代价地图。导航功能包需要两张代价地图来保存障碍物信息。一张代价地图用于全局路径规划，另一张用于局部路径规划与避障。

第三步：配置 dwa_Local Planner 相关文件的参数，以便机器人能够正常启动。

第四步：为导航功能包创建 launch 启动文件，可以一次启动多个节点文件。

第五步：配置 acml.launch 文件。

完成机器人参数配置及导航功能包集配置后，即可在构建好的模拟环境中实现机器人自主导航功能。该导航系统采用 AMCL 算法进行定位，其工作原理具体阐述如下：

AMCL（adaptive Monte Carlo localization）是一种很常用的定位算法，它通过比较检测到的障碍物和已知地图来进行定位。AMCL 上的通信架构如图 5-38 所示，与之前的 Gmapping SLAM 计算图很像，最主要的区别是/map 作为输入，而不是输出，因为 AMCL 算法只负责定位，而不管建图。

同时还有一点需要注意，AMCL 定位会对里程计误差进行修正，修正的方法是把里程计误差加到 map_frame 和 odom_frame 之间，而 odom_frame 和 base_frame 之间是里程计的测量值，这个测量值并不会被修正，如图 5-39 所示。这一工程实现与之前 Gmapping、Karto 的做法是相同的。

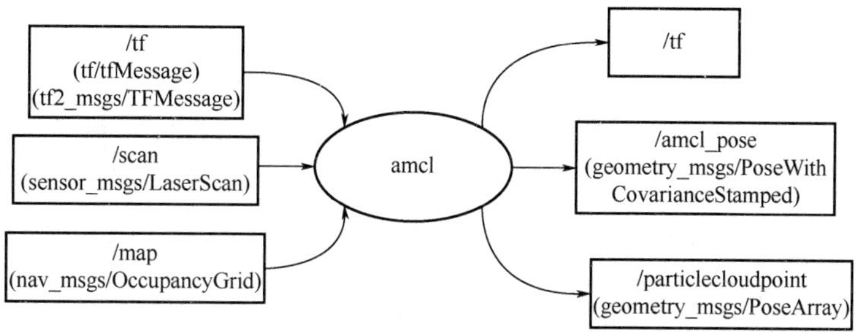

图 5-38 AMCL 通信架构

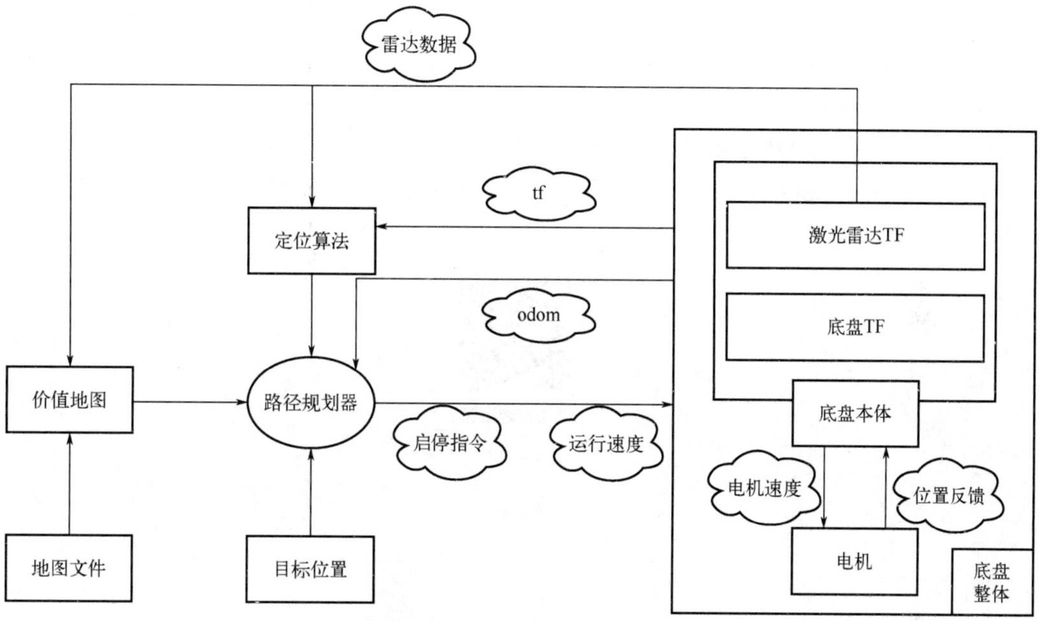

图 5-39 LiDAR-SLAM 导航架构图

机器人导航系统的核心功能模块包括定位与路径规划两大组成部分，其实现依赖于以下两个功能包：

move_base：实现机器人导航中的最优路径规划；AMCL：实现二维地图中的机器人定位。

机器人发布必要的传感器信息和导航的目标位置后，ROS 即可完成导航功能。

首先，导航功能包采集机器人的传感器信息，达到在地图中避障运行的效果。机器人通过 ROS 发布 LaserScan 的雷达点云信息。

其次，导航功能包发布 odometry 格式的里程计信息，同时发布相应的 TF 变换。

最后，导航功能包输出的是 twist 格式的控制命令，机器人通过这些命令完成任务。

本章小结

本章系统阐述了智能机器人 SLAM 导航技术，涵盖硬件环境配置、键盘控制、SLAM 算法原理及导航技术应用。通过理论分析与工程实践相结合的方式，完整呈现 SLAM 导航系统的基本原理，并在探索者智能机器人平台上完成功能实现与验证。

SLAM 导航技术是智能机器人自主移动的基础，通过传感器数据和运动信息，实现机器人的自主定位和环境建图。在 SLAM 的基础上，导航系统可以实现从起点到目标点的自主移动，是智能机器人的重要功能之一。

在探索者智能机器人平台上，通过合理的硬件配置和软件开发，可以实现高性能的 SLAM 导航系统，为智能机器人的广泛应用提供技术支持。

思考题

5-1　请解释 SLAM 导航系统中激光雷达和 IMU 传感器的作用，并讨论如果缺少其中一个传感器，会对导航性能产生什么影响。

5-2　步进电机的 *X*/*Y*/*Z* 轴接线位置如何确定？若接线错误可能导致什么后果？

5-3　比较 Gmapping 算法（用于建图）和 AMCL 算法（用于定位）的异同点，并解释它们在 SLAM 导航框架中的作用。

本书配套资源

第6章

综合项目探索

本章围绕两个竞赛项目展开，系统阐述项目目标、设计思路、实施步骤及关键注意事项，帮助学生理解和掌握机器人自主设计与协同应用的关键技术。

6.1 全地形防爆机器人设计（竞赛赛项1）

6.1.1 项目目标

工业机器人在危险环境（如化工、矿山）中的应用需求日益增长，本项目通过设计全地形移动平台，开发一款具备全地形适应能力的自主机器人，能够在复杂障碍环境中完成穿越任务。利用“探索者创新套件”平台，设计出多样化创新方案，培养学生复杂环境下的机器人系统设计能力。

6.1.2 技术指标

核心任务：实现机器人对4类典型障碍的自主通过能力。

- 非结构化地面（模拟：栅格地毯）。
- 受限空间（模拟：直径30cm管道×2）。
- 垂直高度变化（模拟：10cm高台阶）。
- 高精度定位（模拟：15cm宽窄桥）。

传感器系统：建议采用灰度传感器+惯性导航融合方案。

机械约束：总质量≤3kg，底盘离地间隙≥5cm。

根据四种不同特性的障碍场地，铺设黑标引导线，设计制作具有全地形适应功能的移动机器人的相应执行机构，实现自主穿越所选定的场景地形。

比赛场地（栅格地毯、管道、窄桥、楼梯）及标记（含引导线、比赛起点和终点）如图 6-1 所示。

执行规则：

① 机器人逐个进行，可自行设定起止位置。

② 机器人须自主完成整个挑战场景，不能遥控或手动干涉等。

③ 机器人成功挑战相应场景后，可获得相应的技术分。每个场景技术分相同，均为 25 分，总分 100 分。

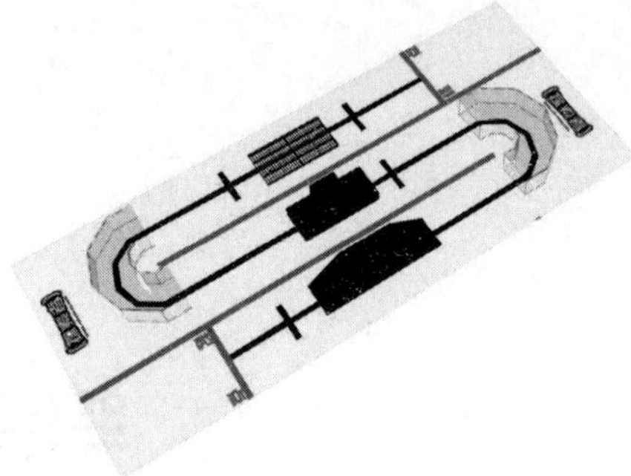

图 6-1 场地整体效果图

④ 四个场景挑战时间限定在 5min 内，时间耗尽自动停止项目。

⑤ 完成全部场景的，按完成时间排名；未完成全部场景的，按技术分排名；技术分相同的，按裁判确认的结束时间排名。

6.1.3 教学实施

（1）步骤 1：需求分析与场景拆解

1）障碍物特性研究

① 根据场地尺寸图（图 6-1）及规则要求，分析以下四种障碍物的核心挑战：

栅格地毯：需解决轮式结构防滑、防卡问题。

管道（直径 30cm）：需设计低重心或可调整高度的底盘结构，避免触顶。

窄桥（宽 15cm）：需保证机器人行走稳定性，防止侧翻。

楼梯（台阶高 10cm）：需采用履带、多级轮组或仿生攀爬机构。

② 结合黑标引导线（宽 2cm）的识别需求，明确传感器布局方案（如红外、摄像头等）。

2）功能模块优先级划分

确定核心功能模块：底盘驱动、越障执行机构、导航控制系统、电源。

根据时间限制（5min），优先保证稳定性，避免复杂冗余设计。

（2）步骤 2：方案设计与原型搭建

1）机械结构设计

① 模块化底盘构建：

利用“探索者”铝镁合金零件（如 A3002 连杆、驱动轮组）搭建基础框架，通过通孔（3mm/4mm）实现快速装配。

针对楼梯/栅格地形，设计可切换式履带+轮组结构（见图 6-2），通过扩展孔连接动力模块。

② 越障执行机构：

管道穿越：采用可升降底盘（使用长圆孔调整高度）或折叠式支撑臂。

窄桥平衡：加宽轮距或添加侧向辅助滚轮（利用异形孔固定）。

2）控制系统设计

组件列表见表 6-1。

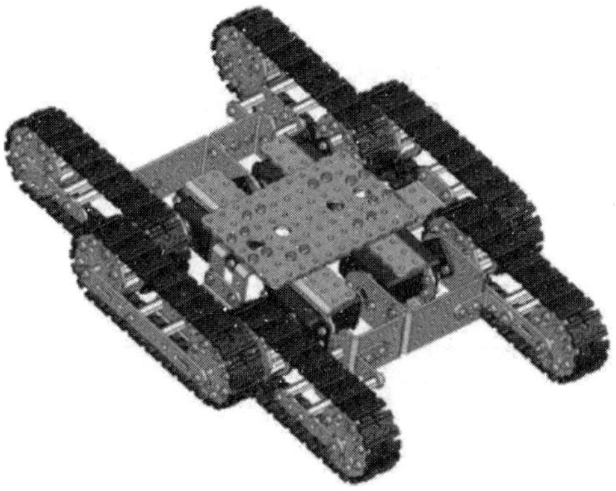
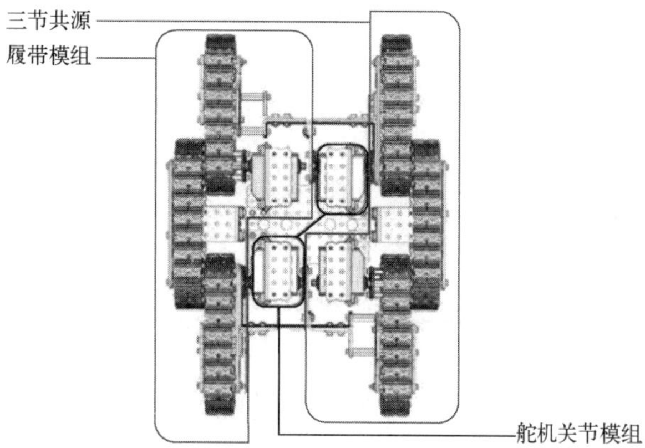

图 6-2　履带+轮组装配示意图

表 6-1　组件列表

主控板	Basra（兼容 Arduino Uno）
扩展板	Bigfish
电池	7.4V 锂电池
传感器	灰度传感器
运动单元	圆周舵机

传感器选型：基于黑标引导线特性，选择灰度传感器阵列（精度高、抗干扰）或 OpenMV 摄像头（需考虑算力限制）。

分配：通过 Rino-MX201 电机控制器实现双驱/四驱动力分配，优化越障扭矩。

自主导航逻辑：编写分段 PID 控制算法，针对不同障碍切换运动模式（如低速高扭矩爬坡）。

电路连接：将 2 个圆周舵机分别装在 Bigfish 扩展板的舵机引脚上，左侧圆周舵机接 D4 号引脚，右侧圆周舵机接 D3 号引脚；将车头关节模块的舵机接在 D7 号引脚，车尾关节模块的舵机接在 D8 号引脚。将主控板和电池在车身固定好，连接图示见图 6-3，端口列表见表 6-2。

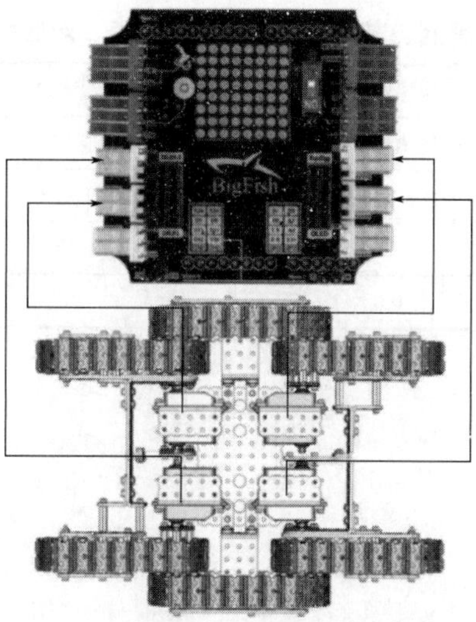

图 6-3　连接示意图

表 6-2　连接端口列表

电机描述	扩展板接口
左履带模块电机	D4
右履带模块电机	D3
车头关节模块电机	D7
车尾关节模块电机	D8

(3) 步骤 3：小车循迹功能

① 将两个灰度传感器安装在上述运动机构的底部前端，距离地面 1～3cm 效果较好，具体情况需要实际调试并连好电路。

② 在白色场地上用黑色绝缘胶带(在两个灰度传感器之间，越宽效果越好)铺设一条轨迹，直线、弧线、圆均可。

③ 循迹原理：为了准确识别地面上的黑线或者白线，至少需要 2 个灰度传感器，一个安装在车头左侧，一个安装在车头右侧。若左侧传感器检测到黑线，说明小车右偏，则向左行驶进行修正；如果右侧传感器检测到黑线，说明小车左偏，则向右行驶进行修正，如图 6-4 所示。表 6-3 为传感器触发情况、小车行驶状态和对应行为策略表。这样就保证轨迹始终在两个传感器之间。

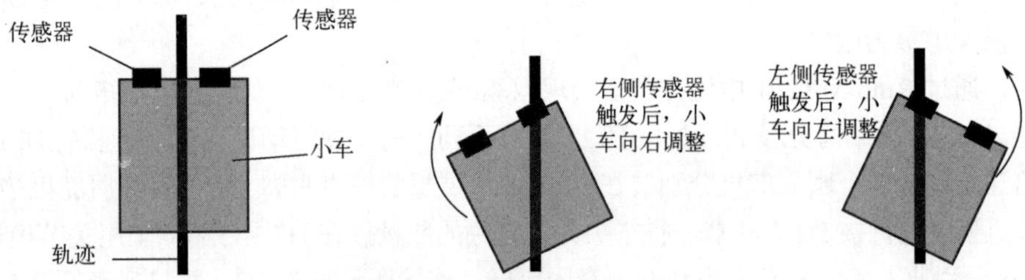

图 6-4　正确或偏离循迹示意图

表 6-3　传感器触发情况、小车行驶状态、对应行为策略表

传感器 1	传感器 1	传感器 1	传感器 1
传感器 2	传感器 2	传感器 2	传感器 2
小车状态	小车状态	小车状态	小车状态
动作	动作	动作	动作
0	0	0	0

运动代码如下：

```
void stop();
void left();
void right();
void forwards();
void setup()
{
pinMode( 18, INPUT);
```

```
pinMode( 14, INPUT);
pinMode( 10, OUTPUT);
pinMode( 6, OUTPUT);
pinMode( 5, OUTPUT);
pinMode( 9, OUTPUT);
}
void loop()
{
if (( !( digitalRead(14) ) && digitalRead(18) ))
{
right();
}
else
{
if (( digitalRead(14) && !( digitalRead(18) ) ))
{
left();
}
else
{
if (( !( digitalRead(14) ) && !( digitalRead(18) ) ))
{
stop();
}
else
{
forwards();
}
}
}
}
void stop()
{
analogWrite(5 , 0);
analogWrite(6 , 0);
analogWrite(9 , 0);
analogWrite(10 , 0);
}
void right()
{
analogWrite(5 , 150);
analogWrite(6 , 0);
analogWrite(9 , 0);
analogWrite(10 , 150);
}
void forwards()
{
analogWrite(5 , 150);
analogWrite(6 , 0);
analogWrite(9 , 150);
```

```
analogWrite(10 , 0);
}
void left()
{
analogWrite(5 , 0);
analogWrite(6 , 150);
analogWrite(9 , 150);
analogWrite(10 , 0);
}
```

重点提示：

小车结构、场地、电机速度等因素，对循迹效果影响非常明显。以下是注意要点。

① 传感器与小车的车轮，距离要尽量远，否则会造成小车转弯角度过大，可以用杆件等加长距离或改变电机的安装位置。

② 如果地面不是很平整，尽量不要把万向轮装在前进方向上，这样容易与地面干涉。

③ 传感器与地面距离要在 1～3cm 以内，可以通过 30mm 的螺柱调节距离。烧录以下程序，在连接 USB 的状态下，打开 Tools→Serial Monitor，监测传感器是否可以正确触发，帮助确定正确的传感器安装位置以及场地。

以上程序可以调用串口显示功能，在 Serial Monitor 中显示 A0 端口传感器触发状态，未触发显示 0，触发显示 1。

④ 灰度场地背景颜色要尽量浅，最好是白色，要尽量平整。对于装有 2 个传感器的小车来说，黑线的宽度很重要。由于两个“探索者”黑标传感器的检测头至少需要保持 2.5cm 的距离，图 6-5 为两个灰度传感器的尺寸示意图，因此黑线宽度不应小于 2.5cm，否则会造成小车转弯角度太大。

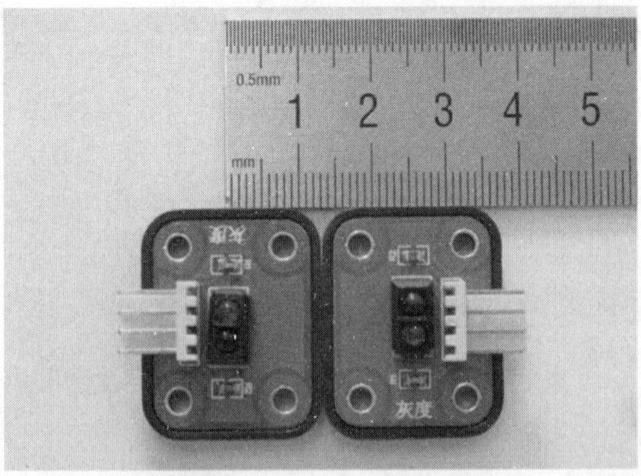

图 6-5　灰度传感器尺寸示意图

⑤ 两个传感器安装时尽量靠近，传感器检测头的距离应和黑线宽度相当。

⑥ 循迹是一种非常综合的机器人实验，对综合调试能力要求很高。就这个实验来说，程序很简单，但是小车要走好却很难。小车的结构、传感器安装、传感器触发条件、场地状况的综合调试，比程序本身重要。在这个实验中要把这些程序外因素调试训练到位。

（4）步骤4：原型测试与迭代优化

1）分场景功能验证

① 静态测试：在平整场地验证底盘稳定性、传感器响应速度和程序逻辑。

② 动态测试：按障碍顺序分段调试。

栅格地毯：测试轮组防滑性，必要时添加束线带增强抓地力。

楼梯攀爬：调整履带倾角（利用止松垫固定关节），避免重心后仰。

根据实际需要改变共源履带的长度、轮径等，也可以用其他传动方式（如齿轮组等）构造共源驱动。

2）时间与稳定性优化

① 冗余设计精简：移除非必要扩展件（如装饰性结构），控制总重量≤3kg。

② 快速复位机制：针对比赛规则中“重新运行”要求，设计模块化快拆结构（如魔术贴固定传感器支架）。

3）全流程模拟赛

按比赛规则搭建完整赛道，模拟5min限时挑战：

记录每次故障点（如管道卡滞、窄桥偏移），优化程序阈值。

测试电源续航，确保锂电池容量与电机功耗匹配。

4）斜坡场景问题及调试

当小车经过斜坡时，一般会出现以下两种情况。

① 爬不上去。

原因可能有三种：小车摩擦力不够，导致小车在斜坡上打滑；小车动力不够，导致小车静止在斜坡上；小车的初始速度太小，导致小车到达斜坡时的惯性太小冲不上去。

解决的办法有：

a．增加轮胎的摩擦力，给轮胎缠绕履带（图6-6）或者在履带上附加螺栓（图6-7）。

b．提高小车动力，增加电机来达到动力的提升，如图6-8所示。

c．提高小车的速度，增加轮胎的直径来提高速度，比如用履带缠绕轮胎或者使用大履带轮胎，如图6-9所示。

图6-6　轮胎缠绕履带示意图

图6-7　履带上附加螺栓示意图

② 能爬上去但走不直。

原因可能有三种：轮胎在空间上的不对称导致各个轮胎的旋转中心轴交叉，以至于小车不能走直线；每个电机的转速不一致，导致有的快有的慢，以至于小车不能走直线；轮胎的大小不一致，存在细微的误差。

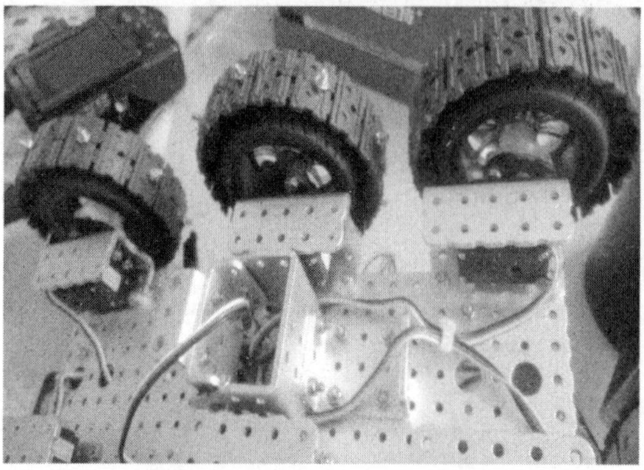

图 6-8　增加电机提高动力示意图

图 6-9　大履带轮胎示意图

解决的办法有：

a．调整结构：支架组装牢固，联轴器和圆周舵机的输出头拧紧，更换因使用时间长而磨损变形的零件，竖直方向不对称可以增加纸张、塑料带等不超出比赛规则的薄片。

b．调整电机转速，可以通过程序微调。

c．如果小车始终向某侧偏斜，可以尝试调换左右边的一两个轮胎，以平衡误差。

5）过隧道障碍

小车遇到隧道时，容易出现故障情况：小车冲进去撞在隧道里且不拐弯，以至于卡死在里边。

解决办法：增加一些辅助机构使小车进行转向，比如导轮，如图 6-10 所示。

6）台阶障碍

当小车遇到台阶时，爬不上去的解决办法有：

a．增加轮胎的摩擦力，比如缠绕履带或者履带附加螺栓，方法如图 6-6、图 6-7 所示；

b．增加悬挂机构，可提高小车的可变形性和减振效果，同时也可提高抓地力；

c．增加辅助机构，比如添加辅助机械杆，如图 6-11 所示；

d．使用大直径车轮，使小车可以轻易爬上第一阶梯。

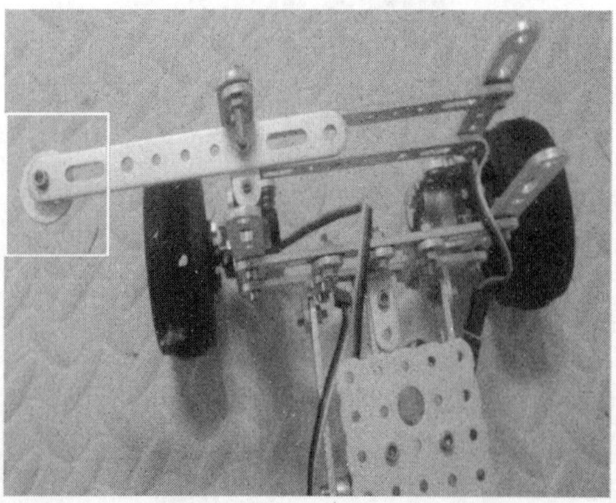

图 6-10　辅助导轮助力转向

图 6-11　辅助机械杆抬高底盘

（5）步骤5：准备与技术文档整理

1）装配标准化

① 制作零件清单与装配流程图，标注关键厌氧胶使用位置（防止比赛时振动松脱）。

② 备份易损件（如传感器支架、齿轮组），利用扩展配件包快速更换。

2）技术文档提交

撰写设计说明书，需包含：

① 机械结构创新点（如异形孔扩展应用）。

② 控制算法逻辑框图与代码注释片段。

③ 分场景测试数据表（成功率、耗时）。

6.2 平稳运输机器人设计（竞赛赛项2）

6.2.1 具体目标

基于“探索者模块化机器人平台”，平稳运输机器人协同挑战赛要求团队设计遥控操作车与自主控制车协同完成多任务场景下的物块运输任务。通过竞赛实现以下目标：

① 技术融合能力：考查机械结构设计（抓取、越障）、多传感器融合（颜色识别、导航）、程序控制算法（自主避障、路径规划）的综合应用能力。

② 协同创新实践：强调遥控车与自主车的任务衔接（如物块交接、场景联动），培养团队协作与实时策略调整能力。

③ 工程可靠性验证：在限定材料与时间内，验证机器人对复杂地形（坡道、管道、栅格）的适应性及运输稳定性，确保符合工业场景需求。

④ 规则驱动设计：通过严格的场地限制（如车道线约束、重跑规则），推动学生在安全、合规的前提下实现技术创新。

6.2.2 所需材料

（1）核心硬件

探索者模块化套件（高级版）：含基础铝镁合金框架（A3002连杆、Rino-MX201驱动轮组）、异形孔扩展件（大方孔、长圆孔）、Rino-MX201电机控制器。

扩展配件包：气动夹爪套件（适配3mm通孔固定）、电磁铁模块（需与物块磁性匹配）。

传感器模块：颜色识别传感器（TCS3200）、灰度传感器阵列、超声波避障模块。

地形适配件：履带轮组（用于栅格及坡道）、可调高度支撑臂（用于管道穿越）。

（2）辅助材料

允许使用：双面胶（固定传感器）、束线带（加固线缆）、止松垫（防振动脱落）、防滑螺母（坡道攀爬）。

6.2.3 实施步骤

(1)步骤 1：任务拆解与需求分析

① 任务流程分解。

遥控车任务链：扫码识别（颜色序列）→抓取物块（置物台）→半圆轨迹行驶→精准放置（放置区）。

自主车任务链：抓取物块（放置区）→越障（坡道、管道、栅格）→颜色识别验证→终点投掷。

协同难点：物块交接位置误差≤2cm，自主车抓取机构与遥控车放置高度的匹配性。

② 关键设计指标。

机械稳定性：自主车在坡道（倾角 20°）上的防滑设计，管道（直径 25cm）内的低重心结构。

程序鲁棒性：颜色识别误判率≤5%，栅格地形（间距 10cm）的路径纠偏响应时间＜1s。

(2)步骤 2：分系统设计与原型搭建

1）遥控车设计

① 扫码与抓取模块：

使用 TCS3200 传感器（通过方孔固定于车头，如图 6-12 所示），配合气动夹爪（通孔安装）实现物块抓取。

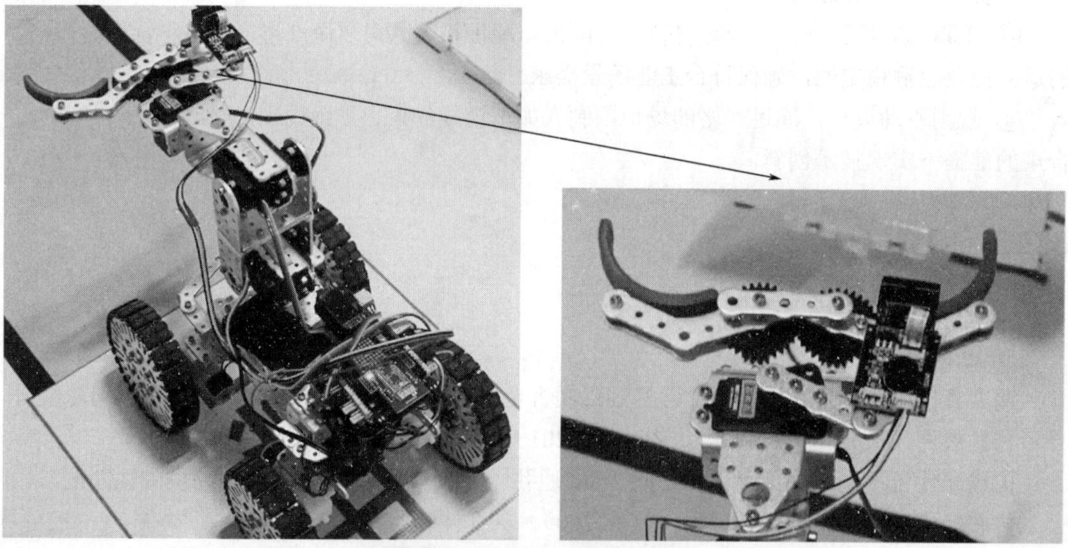

图 6-12 扫码和抓取模块安装示意图

优化夹爪开合角度，避免物块滑落。

② 运动控制：

采用双电机差速转向，通过 Rino-MX201 控制器实现半圆轨迹的半径控制（需预设转弯 PID 参数），如图 6-13 所示。

图6-13 半圆轨迹示意图

2）自主车设计

① 越障机构：

坡道攀爬：使用履带轮组（异形孔连接），搭配防滑螺母增强附着力，如图6-14所示。

图6-14 爬坡示意图

管道穿越：设计可升降底盘（长圆孔调节高度），确保顶部间隙≥3cm，如图6-15所示。

图6-15 管道穿越示意图

栅格越障：依靠小车运动控制，实现栅格障碍区域的越障运动，如图6-16所示。

② 自主导航：

灰度传感器阵列（间距5cm排布）识别车道线，结合超声波模块避障（管道入口检测）。

图 6-16 栅格越障示意图

投掷区定位：通过颜色识别传感器二次验证物块序列号。

(3) 步骤 3：协同测试与规则适配

1）分场景联调

① 物块交接测试：在放置区模拟±2cm 位置偏差，调整自主车抓取臂的容错范围（通过止松垫微调关节）。

② 重跑策略验证：针对规则中“5 次自主车重跑机会”，设计快速复位机构（如魔术贴固定易损部件）。

2）全流程压力测试

① 模拟 10min 限时任务，记录关键节点耗时：

遥控车扫码至放置：目标≤3min；

自主车越障至终点：目标≤5min。

② 极端情况处理：物块意外掉落时，利用束线带临时加固抓取机构。

(4) 步骤 4：文档书写

技术文档书写是反映作品设计思路和设计严谨性的关键佐证之一，核心内容包括：

① 机械装配图：标注关键孔位（如气动夹爪的 3mm 通孔定位）、厌氧胶使用点。

② 控制逻辑说明：提交颜色识别阈值表、自主车越障程序流程图。

(5) 步骤 5：实施要点总结

协同优先：遥控车与自主车的设计需共享接口标准（如物块尺寸、放置高度）。

冗余控制：针对 10min 限时，备份高功耗部件（如电机）并优化电源管理。

本章小结

本章围绕全地形防爆机器人设计和平稳运输机器人设计两个竞赛项目，系统阐述了机器人自主设计与协同应用的关键技术。在全地形防爆机器人设计中，明确项目目标为开发具备全地形适应能力的自主机器人，详细说明了技术指标、教学实施步骤，包括需求分析、方案设计、循迹功能实现、原型测试优化等，强调模块化设计、稳定性优先及规则驱动设计要点。平稳运输机器人设计项目，以遥控操作车与自主控制车协同完成物块运输为目标，涵盖任务拆解、材料准备、分系统设计、协同测试等内容，突出协同创新、工程可靠性及规则合规性。通过这两个项目的实践，学生能够全面掌握机器人设计从需求分析到实际落地的全流程技术，有效提升综合设计能力、团队协作能力和应对复杂工程问题的实践能力。

思考题

6-1　对于循迹功能，是否可以采用三传感器循迹？此时传感器触发情况、小车行驶状态和对应行为策略是什么？如何编程控制实现？

6-2　小车在过栅格障碍时，可能出现凹陷或卡底盘的问题，请分析其原因并给出解决办法。

本书配套资源

参考文献

[1] 李宏胜. 机器人控制技术[M]. 北京：机械工业出版社，2020.

[2] 王巍. 机器人控制技术基础[M]. 武汉：华中科技大学出版社，2023.

[3] 宁祎. 工业机器人控制技术[M]. 北京：机械工业出版社，2021.

[4] 赵鹏举，谢光辉. 机器人技术应用[M]. 北京：机械工业出版社，2024.

[5] 张志军，吴畏，冯暖，等. 机器人技术基础[M]. 北京：清华大学出版社，2024.

[6] 胡凌燕，李建华，陈南江. 机器人控制基础与实践教程[M]. 北京：高等教育出版社，2022.

[7] 钱丹浩. 工业机器人技术基础[M]. 北京：机械工业出版社，2021.

[8] 贾永兴. 机器人控制技术与实践[M]. 北京：机械工业出版社，2023.

[9] 陈万米. 机器人控制技术[M]. 北京：机械工业出版社，2020.

[10] 张明文，于霜. 工业机器人运动控制技术[M]. 北京：机械工业出版社，2021.

[11] 李怀勇，朱为国，高荣，等. 机器人驱动及控制[M]. 北京：机械工业出版社，2024.

[12] 张春芝，石志国. 智能机器人技术基础[M]. 北京：机械工业出版社，2020.